Makinta M. Mohammed
B. F. Umar
S. Hamisu

Gestão dos conflitos entre agricultores e criadores de gado

Makinta M. Mohammed
B. F. Umar
S. Hamisu

Gestão dos conflitos entre agricultores e criadores de gado

O papel das instituições tradicionais no Estado de Borno, Nigéria

ScienciaScripts

Imprint

Any brand names and product names mentioned in this book are subject to trademark, brand or patent protection and are trademarks or registered trademarks of their respective holders. The use of brand names, product names, common names, trade names, product descriptions etc. even without a particular marking in this work is in no way to be construed to mean that such names may be regarded as unrestricted in respect of trademark and brand protection legislation and could thus be used by anyone.

Cover image: www.ingimage.com

This book is a translation from the original published under ISBN 978-3-659-67220-0.

Publisher:
Sciencia Scripts
is a trademark of
Dodo Books Indian Ocean Ltd. and OmniScriptum S.R.L publishing group

120 High Road, East Finchley, London, N2 9ED, United Kingdom
Str. Armeneasca 28/1, office 1, Chisinau MD-2012, Republic of Moldova, Europe
Printed at: see last page
ISBN: 978-620-7-63552-8

AGRADECIMENTOS

Glória a Deus Todo-Poderoso, o Senhor da luz e do conhecimento, o iluminador que ilumina quem quer que deseje sabedoria e orientação. Louvado seja Ele por me ter dado a saúde e a capacidade de realizar este trabalho de investigação. Que as Suas bênçãos e saudações estejam sobre o nosso nobre profeta, Muhammad (SAW), as suas famílias, os seus companheiros e todos os que o seguirem com retidão até ao Dia do Juízo Final.

Este trabalho de investigação não poderia ter sido uma realidade sem o enorme apoio de indivíduos e organizações. Gostaríamos de expressar a nossa profunda gratidão e apreço a: Prof. B. F. Umar, Prof. B. Z. Abubakar e Dr. A. Oppon-Kumi, respetivamente. A orientação, o apoio e as críticas construtivas recebidas desta equipa credível são dignos de louvor. Que Alá os recompense abundantemente? Gostaríamos de reconhecer os esforços do pessoal do Departamento de Extensão Agrícola e Desenvolvimento Rural pela sua orientação académica. Entre eles, contam-se o Dr. A. A. Kamba, Yakubu Danlami, Akilu Barau, Fatima J. Yelwa, bem como todo o pessoal da Faculdade de Agricultura.

O apoio e o encorajamento que recebemos das nossas famílias, amigos e simpatizantes não podem ser menosprezados. As contribuições do Ministério dos Recursos Animais, Pescas e Florestais do Estado de Borno, dos governantes tradicionais e das associações de agricultores e pastores são altamente reconhecidas. Que Alá Todo-Poderoso os proteja de todos os males e os abençoe com Jannatul Firdaus, amin.

ÍNDICE DE CONTEÚDOS

ACRÓNIMOS

ADPs:	Agricultural Development Programmes
BOSADP:	Borno State Agricultural Development Programme
BOSMLCA:	Borno State Ministry of Local Government and Chieftaincy Affairs
CBDA:	Chad Basin Development Authority
GRL:	Grazing Reserve Law
IITA:	International Institute for Tropical Agriculture
IRIN:	International Regional Information News
LCBC:	Lake Chad Basin Commission
LCRI:	Lake Chad Research Institute
LGAs:	Local Government Areas
MAFFR:	Ministry of Animal, Fishery and Forest Resources
NGOs:	Non-Governmental Organizations
NPC:	National Population Commission
NRC:	Natural Resources Conflict
PWR:	Pair Wise Ranking
USAID:	United States Agency for International Development

CAPÍTULO 1

1.0 INTRODUÇÃO

1.1 Antecedentes do estudo

No passado, a relação entre agricultores e pastores era cordial, muitos anciãos dos agricultores e pastores de hoje cresceram juntos nas mesmas zonas, gozavam de uma relação social e económica pacífica e harmoniosa e os conflitos eram raros (Blench e Dendo, 2003; Hoffman, 2004; Shettima e Tar, 2008). Esta relação era tradicionalmente influenciada pelas ligações entre a criação de gado e a agricultura, que incluíam contratos de pastoreio, troca de estrume por resíduos de culturas e troca de produtos animais por cereais e dinheiro. Além disso, a população dos dois grupos era ainda pequena e os recursos naturais de que dependiam eram abundantes, pelo que a concorrência entre os dois grupos era mínima (Umar, 2004).

No entanto, na África Ocidental (Nigéria em particular), tem-se registado um aumento considerável dos conflitos em torno dos recursos naturais desde o início da década de 1990 (Blench e Dendo, 2005). Estas formas de conflitos sempre desempenharam um papel em muitas partes da Nigéria, mas as condições recentes levaram a um aumento da sua intensidade e complexidade (IITA, 2011). Uma área que tem sido particularmente preocupante é a dos confrontos entre agricultores e pastores, especialmente nas zonas húmidas. Isto deve-se ao facto de o potencial total das zonas húmidas (fadama) só agora ter começado a ser realizado em termos de produção alimentar e de a sua exploração mais eficaz ter sido o objetivo de vários projectos de doadores a partir da década de 1980 (Blench e Dendo, 2005).

Os confrontos entre pastores e agricultores têm sido uma das principais causas do aumento da violência e da insegurança geral na Nigéria. Na maioria destes confrontos, os cidadãos são mortos regularmente; a destruição ou perda de bens deixa uma população já em perigo ainda mais pobre (Ishaku, 2014). Angaye (2003) descreve estes conflitos como disfuncionais, destrutivos e responsáveis pela perda de vidas, propriedades, horas de trabalho, oportunidades de investimento, fome e inanição, sempre e onde quer que ocorram. O grau de agravamento deve-se a uma série de razões: rápido aumento da população humana com o consequente aumento do cultivo da terra; aumento da população de gado devido aos cuidados veterinários modernos que erradicaram a maioria das doenças que matam o gado; investimento governamental desequilibrado na agricultura, dando preferência ao cultivo de culturas em detrimento de outros sectores; fraca educação dos pastores em comparação com os agricultores; erosão da autoridade tradicional como resultado da reforma do governo local; e má gestão dos conflitos de recursos naturais (Daniel, et al., 2003 e Ishaku, 2014).

Historicamente, os métodos utilizados para a resolução de litígios vão desde a negociação, ao litígio em tribunal e até ao combate físico. No entanto, é mais vantajoso chegar a acordos práticos e privados que podem ser alcançados através dos métodos tradicionais de arbitragem de conflitos do que lutar durante anos e gastar enormes quantias de dinheiro em batalhas judiciais (Marighetto et al., 2004). Embora não esteja claramente definido na Constituição da Nigéria, os governantes tradicionais não são apenas guardiães das tradições e dos costumes, mas também pais de todos os cidadãos, em nome dos quais devem manter um elevado sentido de responsabilidade, decoro, maturidade e compreensão (Nworah, 2007; Okungbowa e Philomena, 2014). A essência destas instituições consiste em preservar os costumes e as tradições do povo e em gerir os conflitos que surgem entre os membros das suas comunidades através da instrumentalidade das normas e dos costumes do povo (Nweke, 2012). A persistência e a expansão do sistema de governantes tradicionais são, pois, cruciais para compreender a dinâmica mais alargada do poder na Nigéria nas últimas décadas. Parte da lógica desta persistência reside no facto de os governantes tradicionais serem frequentemente mais fiáveis do que os funcionários do governo local e estatal em situações de pós-conflito, que estão a tornar-se mais comuns (Blench e Dendo 2006).

1.2   Declaração do problema de investigação

Nos últimos tempos, o Estado de Borno tem registado uma série de conflitos entre agricultores e pastores, com consequências devastadoras para as vidas e propriedades de muitas comunidades do Estado. Tipicamente, o Relatório do Governo Local de Damboa (2002) afirma que o conflito entre os agricultores sedentários e os criadores de gado da aldeia de Shettima-abowu, em

2001, na Área do Governo Local, foi desencadeado em resultado do pastoreio de gado em terras agrícolas numa altura em que os agricultores ainda não tinham acabado de colher os seus produtos agrícolas e quando as colheitas ainda não tinham sido levadas para casa. Do mesmo modo, o conflito de 2003 entre Bulabulin Ngarnam e Tungushe, na Área do Governo Local de Konduga, eclodiu quando alguns agricultores cultivaram colheitas na rota do gado (BSMAFFR, 2007). O conflito entre agricultores e pastores de Furam, em 2005, na Área do Governo Local de Magumeri, o conflito na rota do gado de Fuchu, em 2001, na Área do Governo Local de Mafa, e o conflito na margem do rio Alau, em 2007, na Área do Governo Local de Konduga, são outros exemplos de conflitos entre agricultores e pastores que eclodiram em diferentes partes do Estado de Borno (BSMAFFR, 2011). As pressões sobre os recursos cada vez mais escassos do Lago Chade e a degradação do ambiente resultaram na alteração dos sistemas de agricultura e pesca e na perda de biodiversidade. Assim, os conflitos sociais resultantes da competição por estes recursos eclodiram com frequência (Kabir et al., 2009).

A questão é: porque é que os veredictos dos tribunais e as agências de segurança não conseguiram resolver ou mitigar os conflitos entre agricultores e pastores? É lícito suspeitar ou argumentar que estas instituições judiciais têm ignorado muitos factores essenciais que poderiam ter sido considerados na reconciliação de questões que envolvem agricultores e pastores. Também se pode argumentar que o nível de conflito entre agricultores e pastores era baixo quando as autoridades tradicionais tinham o poder de julgar as questões nas zonas rurais (Blench e Dendo, 2003; Hoffman, 2004 e Shettima e Tar, 2008). A maioria dos estudos realizados sobre os conflitos entre agricultores e pastores (Iro, sem data; Onuaha, 2008; Jamsranjav, 2009; Ofuoku e Isife, 2009; Sulaiman e Ja'afar, 2010 e Odoh e Chigozie, 2012) centrou-se na forma como os conflitos estão a ser evitados ou minimizados, tendo sido dada menos ênfase às estratégias reais de gestão de conflitos. No entanto, alguns dos estudos (Umar, 2004; Onuoha, 2008 e IRIN, 2013) sugerem uma abordagem de baixo para cima, envolvendo grupos comunitários locais na gestão dos seus recursos. No entanto, os estudos também parecem ter negligenciado a importância das autoridades tradicionais na resolução de conflitos entre agricultores e pastores. Este estudo centra-se, portanto, nesta lacuna de conhecimento e, assim, tentou analisar o papel das instituições tradicionais na gestão dos conflitos entre agricultores e pastores. Assim, procura dar resposta às seguintes questões:

1) Quais são as características socioeconómicas dos agricultores e pastores da zona de estudo?

2) Quais são as causas e os efeitos do conflito entre agricultores e pastores na zona de estudo?

3) Quando é que o conflito entre agricultores e pastores ocorre principalmente na área de estudo?

4) Existem instituições envolvidas na gestão de conflitos na zona?

5) Quais são os papéis específicos desempenhados pelas instituições tradicionais na gestão dos conflitos entre agricultores e pastores na zona de estudo?

6) Como é que os agricultores e pastores percepcionam as estratégias de gestão de conflitos das instituições tradicionais da área de estudo?

1.3   Objectivos do estudo

O principal objetivo do estudo era avaliar o papel das instituições tradicionais na gestão dos conflitos entre agricultores e pastores no Estado de Borno, enquanto os objectivos específicos eram

1) descrever as características socioeconómicas dos agricultores e pastores da zona de estudo.

2) examinar as principais causas e efeitos dos conflitos entre agricultores e pastores na zona de estudo.

3) Examinar o tipo, o período e a extensão da ocorrência de conflitos na área em estudo.

4) identificar e descrever os mecanismos mais preferidos para a resolução de conflitos entre agricultores e pastores na zona de estudo.

5) identificar e descrever o papel específico desempenhado pelas instituições tradicionais na resolução de conflitos entre agricultores e pastores.

6) avaliar a perceção dos agricultores e dos pastores sobre os mecanismos de resolução de conflitos das instituições tradicionais da zona.

1.4   Hipótese do estudo

Ho: Não existe uma relação significativa entre as características socioeconómicas dos agricultores e dos pastores e o seu nível de envolvimento em conflitos entre agricultores e pastores na área de estudo.

1.5   Importância do estudo

Muitos autores, como Ofouku e Isife (2009); Azuwike e Evan (2010) e Odoh e Chigozie (2012), referiram que quase todas as formas de conflitos violentos têm efeitos directos ou indirectos na produção agrícola e pecuária das zonas afectadas. Esses efeitos incluem a redução da produção, que, por sua vez, reduz o rendimento dos agricultores devido à destruição das culturas e do gado. Muitos agricultores e pastores perderam parte ou a totalidade das suas colheitas e gado devido a conflitos em diferentes partes do país. Isto tende a afetar negativamente as suas poupanças, a capacidade de reembolso do crédito, a disponibilidade de mão de obra agrícola e o bem-estar económico dos habitantes das cidades que dependem destes agricultores para o seu abastecimento alimentar.

Assim, os agricultores e os pastores serão os beneficiários finais do estudo, uma vez que foram examinados diferentes aspectos do conflito entre agricultores e pastores, tais como as causas, os efeitos e as suas estratégias de gestão. Os decisores políticos também beneficiarão dos resultados da investigação, uma vez que necessitam de informação de base para formular e rever políticas e estratégias. Por conseguinte, há necessidade de estudos sustentados em todos os aspectos da agricultura, incluindo o conflito entre agricultores e pastores, a fim de assegurar um ambiente relativamente pacífico e propício, necessário para o aumento da produção agrícola e pecuária. O estudo também constitui uma informação útil para as instituições de ensino em particular e para a comunidade em geral.

1.6   Âmbito e limitações do estudo

O estudo centra-se principalmente nos conflitos entre agricultores e pastores no estado de

Borno, na Nigéria, especificamente nas áreas governamentais locais de Damboa, Jere e Magumeri.

No entanto, o estudo foi limitado pela incapacidade de alguns inquiridos de ler e escrever em inglês.

Dois enumeradores formados que sabem ler e escrever em inglês e interpretar para as línguas Hausa

e Kanuri foram contratados para ajudar a administrar o questionário aos inquiridos. Mais ainda, a

relutância de alguns dos inquiridos em se identificarem com questões relacionadas com o conflito foi

outro problema encontrado durante a recolha de dados. Esta limitação também foi ultrapassada com

uma explicação adequada do objetivo do estudo.

CAPÍTULO 2

REVISÃO DA LITERATURA

2.1   Visão geral do conceito de conflito

O termo "conflito" tem sido conceptualizado de várias formas. No entanto, a multiplicidade de definições sempre apontou para um facto: que o conflito é um aspeto duradouro da existência social. Acredita-se que, onde quer que se encontre uma comunidade de indivíduos, o conflito faz basicamente parte das suas experiências. Assim, a maioria dos conflitos tem um carácter social e surge normalmente quando os seres humanos procuram satisfazer as suas diferentes necessidades de sobrevivência e segurança (Onuoha, 2008). A este respeito, Stagner (1967), citado em Onouha (2008), define o conflito como uma situação em que dois ou mais seres humanos desejam objectivos que consideram poder ser alcançados por um ou por outro, mas não por ambos; cada parte mobiliza energia para obter um objetivo, um objeto ou uma situação desejada, e cada parte vê a outra como uma barreira ou uma ameaça a esse objetivo. Stagner concebe o conflito do ponto de vista da incompatibilidade de objèctivos, enquanto Coser (1956) o vê em termos de luta entre as partes por valores desejáveis. De acordo com este último, o conflito refere-se à luta por valores ou reivindicações de estatuto, poder e recursos escassos, em que os objectivos das partes em conflito não são apenas ganhar os valores desejados, mas também neutralizar, ferir ou eliminar os seus rivais.

Para Bukhari (2005), o conflito é um fenómeno normal que ocorre frequentemente entre indivíduos, famílias, grupos e sociedades ou mesmo nações. Por vezes, ocorre entre ideologias e, na maioria das vezes, leva ao derramamento de sangue, a escaladas e à destruição de propriedades. A doença mais perigosa que aflige atualmente a nossa sociedade é a doença do desacordo e da discórdia. De acordo com Ekong (2003), o conflito é a forma de interação social em que os actores procuram obter recursos assustadores eliminando ou enfraquecendo os seus concorrentes.

Ukaegbu e Agunwamba (1995) opinaram que os conflitos ou consensos são os dois principais padrões do interacionismo social. A teoria do conflito dominante considera que o antagonismo constante em relação a recursos escassos é a causa fundamental do conflito entre agentes económicos

(Tonah, 2006). Todos os conflitos partilham qualidades comuns. A primeira é que existe uma espécie de contacto entre as partes envolvidas; a segunda é que as partes em conflito têm pontos de vista contraditórios; e, por último, uma das partes pretende sempre corrigir as contradições existentes (Deutsh, 1991; Ekanola, 2004 e Vanderlin, 2005).

Conflitos de diferentes tipos e dimensões tornaram-se agora o assunto do dia em diferentes partes do mundo, particularmente no Médio Oriente e em África, que vão desde os religiosos, étnicos, políticos e laborais, até às disputas sobre a utilização dos recursos naturais. Na Nigéria, os conflitos entre aldeias e comunidades podem surgir quando há divergências de opinião entre os chefes de grupo ou em situações em que um grupo tende a explorar o outro. Esta situação desencadeia frequentemente uma forte reação de defesa que resulta no reaparecimento de velhas queixas, com cada grupo a tentar obter uma posição dominante sobre o outro. A utilização de grupos de pressão por um determinado sector da comunidade para obter uma vantagem sobre os restantes pode também precipitar o conflito (Kughur, 2009). Curiosamente, a familiaridade com a literatura existente sobre conflitos, particularmente em África, sugere que uma percentagem esmagadora destes conflitos são conflitos baseados em recursos (Iliya, et al., 2013). O cenário que se desenrola na bacia do Lago Chade, que atravessa as fronteiras da Nigéria, do Chade, do Níger e dos Camarões, é um exemplo nodal a este respeito.

2.2 Conflitos sobre recursos naturais

A relação entre recursos ambientais (recursos naturais), meios de subsistência e conflitos está há muito estabelecida na literatura (Daniel et al., 2003). Os recursos ambientais são fundamentais para a sobrevivência das pessoas e das nações, tanto para a subsistência como para o sustento económico. Em algumas circunstâncias, o acesso ou o controlo dos recursos de um ambiente tem sido uma questão controversa, gerando frequentemente tensões e conflitos violentos no seio das nações, entre elas e entre elas (Onuoha, 2008). Os recursos naturais são recursos reais ou potenciais de riqueza e ocorrem num estado natural, como a madeira, a água, a terra, a vida selvagem, os minerais, os metais, as pedras e os hidrocarbonetos (PNUA, 2009). A exploração dos recursos naturais e o stress ambiental que lhes está associado podem tornar-se importantes factores de violência (Bottomley, 2000). Gleditsch (2001) distinguiu três tipos de escassez de recursos que podem gerar conflitos ambientais. São eles: a escassez induzida pela procura, que se deve ao crescimento da população; a escassez induzida pela oferta, que é causada pelo esgotamento e degradação dos recursos; e a escassez estrutural, que resulta da distribuição dos recursos. De acordo com Ross (2004), olhando para os últimos 60 anos, pelo menos quarenta por cento (40%) de todos os conflitos intra-estatais no mundo podem ser associados aos recursos naturais (Quadro 2.1)

Tabela 2.1: Guerras civis e distúrbios internos alimentados por recursos naturais em alguns países

COUNTRY	DURATION	RESOURCES
Afghanistan	1978 – 2001	Gems, timber, opium
Angola	1975 -2002	Oil, diamond
Burma	1949	Timber, tin, gems, opium
Cambodia	1978 – 1997	Timber gems
Colombia	1984	Oil, gold, cocoa, emerald, timber
Democratic Republic of Congo	1996 – 2003, 2003-2008	Copper, coltan, tin oil, gold
Cote divoire	2002 – 2007	Diamond, cocoa, cotton
Indonesia-Aceh	1975 2006	Timber, Natural gas
Indonesia-West Papua	1996	Copper, gold ,timber
Liberia	1989 – 2003	Timber, diamond, palm oil,
Nepal	1996 – 2007	Yare gumba (fungus)
Nigeria	1992 – 1995, 1999- 2009	Oil, farmland
PNG-Bougainville	1989 – 1998	Copper, gold
Peru	1980 – 1995	Cocoa
Senegal	1982	Timber
Sierra Leone	1991 – 2000	Diamond, Cocoa, Coffee
Somalia	1991	Fish, Charcoal
Sudan	1983 – 2005	Oil

Fonte: Ross, 2004

O conflito ambiental ou o conflito sobre a utilização dos recursos entre agricultores e pastores, por exemplo, é, por qualquer definição, "um conflito social". O conflito social implica geralmente uma interação entre grupos num contexto competitivo e essa interação não tem de ser "violenta" ou transformar-se em "guerra" para ser considerada um conflito (Shettima e Tar, 2008). O conflito de utilização de recursos no contexto deste estudo é simplesmente operacionalizado como a interação entre dois ou mais utilizadores independentes de recursos, neste caso, entre agricultores e pastores sobre recursos naturais comuns, incluindo terra, pasto, resíduos de culturas, rotas para o gado (burtali) e pontos de água (furos, poços, riachos, etc.). Os conflitos sobre os recursos podem, por vezes, tornar-se graves e debilitantes, resultando em violência, degradação dos recursos, comprometimento dos meios de subsistência e desenraizamento das comunidades (Hamisu, 2003).

2.3   Conflitos entre agricultores e pastores

O estudo das relações entre pastores e agricultores remonta a 1600 d.C., altura em que os guerreiros e pastores brancos do norte do Sahel atacavam continuamente as aldeias agrícolas negras do sul. Estes actos de violência deveram-se, em grande parte, à competição pelos escassos recursos naturais do Sahel. Com a expansão do Sahel, os pastores foram obrigados a deslocar-se para sul durante a estação seca, o que permitiu o acesso aos recursos de produção agrícola dos agricultores negros das regiões meridionais do Sahel. Este facto gerou conflitos na disputa pelos escassos recursos naturais. Atualmente, a maioria dos conflitos entre agricultores e pastores ocorre na região do Sahel, na África Ocidental, uma região semi-árida e semi-húmida, propícia tanto à agricultura como à pastorícia. Algumas regiões específicas onde tendem a ocorrer conflitos entre agricultores e pastores, de diferentes graus, e que foram objeto de estudo, incluem Noroeste dos Camarões, Costa do Marfim, Delta do Níger Interior, Gana, República do Senegal e Burkina Faso (Moritz, 2009).

Em toda a África Ocidental, a incidência crescente de conflitos entre agricultores e pastores e a violência que frequentemente acompanha esses conflitos tornaram-se uma questão de interesse público (Tonah, 2006). A região tem sido palco de conflitos de recursos, envolvendo agricultores sedentários e pastores móveis (Shettima e Tar, 2008). Por exemplo, em 1991, uma multidão de agricultores enfurecidos atacou pastores em várias aldeias do Níger, matando mais de 100 pessoas. Onze anos mais tarde, no planalto de Jos, na Nigéria, a tensão entre pastores muçulmanos e agricultores cristãos resultou na destruição de várias aldeias, na morte de centenas de pessoas e na deslocação de 20.000 refugiados. E na fronteira entre o Senegal e a Mauritânia, o conflito entre agricultores e pastores em 1989 levou os dois países à beira da guerra (Moritz, 2006). Devido à grande variedade de grupos étnicos presentes na região, tem havido muitos conflitos pelo controlo dos recursos, sendo os principais recursos a água e as terras férteis. E são vários os factores que contribuem para este desacordo. As principais questões que influenciam são a migração para a terra, a competição pelos recursos, o conflito entre pastores e agricultores, bem como o acesso negociado às pastagens (Moritz, 2009).

A Nigéria é um país vasto que se estende desde o Oceano Atlântico no sul, com densos mangais e florestas tropicais húmidas, até às pastagens secas da savana e à região mais árida do Sahel no norte. A zona árida do Estado de Borno é um dos principais centros da indústria pecuária na Nigéria, geralmente durante a longa estação seca anual (de novembro a junho) e particularmente durante as secas periódicas. Grande parte das terras está sobrepastoreada, não dispondo o gado de forragem palatável suficiente, mesmo durante o início da estação das chuvas. Apenas as árvores com sistemas radiculares extensos capazes de chegar às profundezas para obter água e com pouca necessidade de água, como o baobá e a acácia, sobrevivem nesta região (Onyeyili et al., sem data). A estação das chuvas provou ser o período mais crítico em termos de suscetibilidade, tanto para os pastores como para os agricultores. Precisamente, é o período de plantação e durante o qual as rotas (de gado) foram invadidas e bloqueadas, obrigando assim os pastores a atravessar as parcelas agrícolas. Durante a intervenção do Fundo Fiduciário do Petróleo (PTF) no desenvolvimento das rotas de gado e de transumância, foi estabelecido que a invasão pelos agricultores era efectuada em colaboração com os chefes das aldeias. Uma investigação mais aprofundada também indicou que os agricultores, conscientes do facto de que as rotas não estavam devidamente demarcadas e registadas nem protegidas por qualquer lei, exploraram a situação e invadiram livremente as rotas. No entanto, os pastores, que não têm direito à propriedade da terra e que, nalgumas comunidades, são considerados estrangeiros, não tiveram outra opção senão forçar a passagem por estas parcelas agrícolas adquiridas ilegalmente. E isto resultou em conflitos violentos com os agricultores nativos (Hamisu, 2003 e Umar, 2004).

Os conflitos entre agricultores e pastores são multifacetados. Os agricultores querem a terra para a agricultura; os empresários querem-na para investimento; os pastores querem pastar os seus animais, (e) a falta de políticas claras dificulta a resolução amigável dos litígios (Makoye, 2012).

Estes conflitos afectam a produção agrícola e a disponibilidade de carne de bovino e de outros produtos animais para consumo. As tensões ligadas a estes conflitos têm vindo a aumentar nos últimos meses em vários estados nigerianos. As autoridades locais (por exemplo) expulsaram 700 pastores do estado de Borno, no nordeste do país, em maio de 2009, e cerca de 2.000 de Plateau, em abril (IRIN, 2013). Também no Governo Local de Demsa, no Estado de Adamawa, 28 pessoas foram mortas; cerca de 2 500 agricultores foram deslocados e ficaram sem casa devido à hostilidade entre criadores de gado e agricultores da comunidade de acolhimento, em julho de 2005. Nweze (2005) afirmou que muitos agricultores e pastores perderam as suas vidas e os seus rebanhos, enquanto outros registaram uma diminuição da produtividade dos seus rebanhos. Ajuwon (2004), citado por Nweze (2005) na sua observação de que, no Estado de Imo, por exemplo, entre 1996 e 2005, 19 pessoas morreram e 42 ficaram feridas nos conflitos entre agricultores e pastores e a violência que muitas vezes acompanhou os conflitos corroborou este facto. Os casos de conflitos entre pastores e agricultores são também muito comuns nos Estados ribeirinhos da Comissão da Bacia do Lago Chade (CBLC). Há também conflitos inter-estatais, particularmente entre os Estados de Kano, Jigawa, Yobe e Bauchi, onde os utilizadores a jusante dos rios Hadejia/Jamaare e, claro, o Kumadougou Yobe foram afectados negativamente (Jauro, 2007).

Todos os sistemas agrícolas, como o pastoreio nómada de gado, têm uma fronteira que os separa de um sistema maior, que constitui o ambiente. A fronteira representa os limites do sistema mais alargado. Os agricultores competem cada vez mais com os pastores nómadas por terras agrícolas, pastagens, água, árvores e pela utilização das pastagens em geral (Akpaki, 2002). Há uma clara demarcação entre diferentes tipos de conflito nas relações entre agricultores e pastores nómadas. Hagberg (1998) também fez uma distinção entre os vários tipos de conflitos nas relações entre agricultores e nómadas. Ele distingue entre disputas entre indivíduos e grupos, conflito de interesses e conflitos violentos. Enquanto a disputa se refere a um desacordo entre duas ou mais pessoas ou grupos, um conflito violento envolve o caos, a destruição e a morte de pessoas e gado, resultantes de uma disputa (Tonah, 2006). Por outro lado, diferentes actores encaram um conflito de interesses como a adoção de pontos de vista e preocupações opostos, que normalmente assumem a forma de competição não violenta, pelo controlo dos recursos numa determinada área.

As diferenças entre agricultores e pastores não são apenas vistas como um conflito de recursos, mas também são por vezes representadas como um conflito étnico envolvendo os dois grupos. Uma vez que os grupos de pastores e agricultores têm valores, costumes, características físicas e culturais muito diferentes, as disputas entre eles são frequentemente caracterizadas como conflitos étnicos (Tonah, 2006). O sentimento de pertença que existe entre os membros do grupo centra-se no seu interesse económico e na proteção dos valores, da cultura e do poder do grupo. A cultura dos pastores leva-os a olhar com desconfiança para qualquer pessoa alheia à sua cultura, especialmente se esses indivíduos não lhes forem totalmente conhecidos (Ardo, 1999). Os criadores de gado nómadas Fulani, sendo uma minoria na maioria das comunidades de acolhimento, têm uma cultura única e um forte sentido de solidariedade. Estão frequentemente isolados das populações agrícolas. Nestes casos, o conflito entre eles e as populações agrícolas das comunidades de acolhimento é considerado como tendo uma cor étnica (Ofouku, 2010).

2.4 Conclusões empíricas sobre as causas dos conflitos entre agricultores e pastores na Nigéria

Há um bom número de factores que podem causar conflitos entre agricultores e pastores na Nigéria. Estes incluem: política e regulamentação fundiária, invasão de reservas de pastagem, invasão de rotas de gado, queima indiscriminada de arbustos, desertificação, diminuição do Lago Chade, roubo ou furto de gado, desobediência às autoridades tradicionais, etc. Estes domínios são abordados a seguir.

2.4.1 Política e regulamentação fundiária

Os litígios entre agricultores e pastores estão a aumentar, em grande parte devido a um sistema deficiente de administração fundiária. A posse dos recursos é parte integrante do tecido social, não só nas sociedades agrícolas, mas também nas sociedades pastoris. Por conseguinte, o papel emergente do Estado na introdução de mudanças radicais está a afetar fortemente as estruturas sociais e as instituições económicas. Os direitos consuetudinários de propriedade, que são essenciais para a produção pecuária em África, foram corroídos por uma longa história de conflitos (Brink et al., 1995).

Como consequência, uma variedade de conflitos a vários níveis tem a sua origem em tentativas de efetuar mudanças rígidas na posse através da política estatal nas áreas pastoris: disputas entre os pastores e o estado sobre os direitos à terra, entre utilizadores de terra concorrentes sobre o acesso a recursos cada vez mais escassos, ou entre organizações pastoris sobre abordagens diferentes para travar a perda de terra (Cousins, 1996). Na era colonial, a perceção de que a população humana estava a invadir tanto as terras de pastagem como as florestas levou à política de criação de Reservas Florestais e de Pastagem. Normalmente, estas eram áreas onde havia poucos ou nenhuns habitantes, pelo que a reinstalação não era uma questão importante. As reservas de pastagem continuaram a ser uma política do Departamento Federal de Pecuária até hoje e o seu valor tornou-se mais evidente, uma vez que os pastores móveis necessitam cada vez mais de terras de pastagem reservadas para a estação das chuvas, a fim de evitar danos nas culturas. Mas escusado será dizer que as grandes áreas de mato aberto que não são cultivadas há muito tempo também são atractivas para os cultivadores em dificuldades (USAID, 2005).

A Nigéria não seguiu os seus vizinhos francófonos da África Ocidental nas reformas da legislação sobre a posse da terra nas últimas duas décadas. A legislação atual que rege a posse da terra é a Lei de Uso da Terra de 1978, que aboliu oficialmente os sistemas consuetudinários de gestão da terra. A lei de 1965 sobre as reservas de pastagem, que procurava definir e demarcar zonas de pastagem específicas, não conseguiu defender os direitos dos pastores à terra no norte da Nigéria (Moutari, 2008). O Decreto sobre o Uso da Terra de 1978 também não confere aos pastores tradicionais quaisquer direitos legais sobre a terra. Os pastores continuam à mercê das suas comunidades de acolhimento (Hoffman, 2004). A Lei da Reserva de Pastagem de 1965 tinha como objetivo a fixação dos pastores no norte da Nigéria, através da aquisição de "terra nativa" para pastagem. A lei dá aos governos estatais e aos governos locais o poder de criar reservas de pastagem. No entanto, em 1980, menos de 1% das reservas de pastagem visadas tinham sido declaradas nos estados do norte, e a situação tem-se mantido praticamente inalterada (Hoffman, 2004). A legislação nacional é pouco clara, imprecisa ou mesmo contraditória, com regulamentação insuficiente sobre a demarcação das terras agrícolas e dos limites das terras de pastagem, levando a conflitos mesmo entre pessoas que obedecem estritamente à legislação estatal. Muitos conflitos entre indivíduos surgem por causa de limites que foram outrora atribuídos por instituições consuetudinárias, que não foram registados e que foram posteriormente anulados por novas instituições legais. Com a negação de antigos direitos à terra, são frequentes as duplas atribuições da mesma parcela a diferentes partes (Brink et al., 1995).

Têm sido envidados inúmeros esforços para melhorar e conservar o estado ambiental das pastagens africanas, a maioria dos quais tem sido ineficaz. As pessoas e organizações envolvidas na prestação de assistência a esta região não tiveram em conta a sustentabilidade ambiental futura e o impacto que podem ter sobre ela. Há vários pontos essenciais que são necessários para desenvolver uma boa política ambiental nas pastagens de África. O primeiro destes pontos é que é importante reunir todos os níveis de compreensão. Não só o governo e as organizações externas têm de estar envolvidos, como também é importante incluir a população local e as pessoas afectadas pela política. Além disso, é vital recolher os dados necessários para poder formular as perguntas adequadas para resolver os problemas (Moritz, 2009).

2.4.2 Invasão de reservas de pastagem

Um estudo demonstrou que, em todas as classes de utilização da terra, exceto nas terras não cultivadas, o pastoreio se intensificou na Nigéria. No caso das terras não cultivadas, os locais de pastagem primários estão a diminuir porque os agricultores sedentários habitam as terras. Com o aumento da população, o pastoreio muda de excedente para subsistência e para métodos de sobrevivência de exploração da terra (Awogbade, 1980). Os pastores acreditam que a expansão das reservas de pastagem aumentará a produção de gado, minimizará a complexidade do pastoreio, reduzirá a migração sazonal e aumentará a interação entre agricultores, pastores e habitantes rurais. Ademosun (1976) acrescenta que os ganhos esperados das reservas de pastagem são a redução da migração sazonal, a melhoria da qualidade dos rebanhos, a multiplicação das saídas para os produtos bovinos, a melhoria do acesso aos serviços sociais e de extensão, bem como o incentivo à distribuição uniforme do gado. Apesar destas expectativas, a maioria dos pastores da Nigéria não dispõe de reservas de pastagem. A maior parte dos pastores migrantes que utilizam as reservas de pastagem mantêm-se nas mesmas reservas todos os anos. O número e a distribuição das reservas de pastagem na Nigéria são insuficientes para o gado dos pastores. Na Nigéria, a invasão por parte dos agricultores é, de longe, o maior obstáculo ao desenvolvimento das reservas de pastagem (Iro, sem data). A retirada das terras pastoris pelos projectos de desenvolvimento agrícola e o aumento da população de bovinos devido à melhoria dos serviços veterinários são outros factores que podem promover conflitos entre os principais intervenientes.

2.4.3 Bloqueio de rotas de stock

As lutas frequentes entre agricultores e pastores deram origem à redemarcação de rotas de gado na Nigéria. O conceito de rotas de gado tem por objetivo aliviar os problemas dos pastores, o que conduzirá a um aumento da produção animal na Nigéria. O desenvolvimento de rotas de gado não se limita à criação de corredores de transumância. Implica também a criação de pontos de repouso para os animais em intervalos de cerca de 150 km ao longo da rota (Daily Trust, 19 de novembro de 2013). Hamisu (2003) referiu que as rotas de pastoreio/transumância são rotas antigas, estabelecidas desde que os Fulani chegaram ao norte da Nigéria. Foram estabelecidas aleatoriamente pelos pastores para a deslocação do seu gado em busca de pasto, água e para evitar doenças. Inicialmente, estas rotas não estavam sob o controlo do governo em si, mas sabia-se que existiam através de um entendimento mútuo entre os agricultores, as autoridades locais e os pastores. No caso das migrações pastoris sazonais, foram criados comités em toda a África Ocidental anglófona para garantir que as rotas de gado estabelecidas eram respeitadas tanto pelos agricultores como pelos pastores. Estes comités funcionaram até aos primeiros anos da independência, mas já foram em grande parte dissolvidos. Hamisu (2003) acrescentou que estudos e intervenções recentes sobre rotas de gado e transumância demonstraram claramente que todas as rotas existentes se encontravam numa situação deplorável. As rotas foram fortemente invadidas e, nalguns casos, completamente bloqueadas. O desaparecimento das zonas de pastagem natural sob a enxada, a vedação dos pátios e o bloqueio dos caminhos de gado estão a provocar mais conflitos entre os agricultores e os pastores.

2.4.4 Efeitos das alterações climáticas

Nos últimos tempos, as alterações climáticas adquiriram uma importância global nunca antes vista. De facto, as suas ramificações, bem como os seus problemas e consequências, são bem conhecidos. Relativamente desconhecida, porém, é a sua tendência para precipitar conflitos violentos (Odoh e Chigozie, 2012). A desertificação e a desflorestação estão a assumir uma magnitude crescente nas zonas semiáridas do mundo como grandes ameaças aos sistemas produtivos ecológicos. De acordo com Ayuba (2008), a seca prolongada, a elevada variabilidade da precipitação e a intensificação da aridez nas regiões áridas e semi-áridas, individualmente ou em conjunto, dificultam o crescimento das plantas, o que, a longo prazo, leva à destruição do potencial biológico da terra, à fome generalizada, à migração da população, à morte do gado e dos seres humanos. Na Nigéria, muitos conflitos comunais (frequentemente mal interpretados ou deturpados como conflitos étnicos e religiosos) são, na realidade, lutas pelo controlo da terra ou dos recursos minerais, ou de ambos. Nas regiões do norte e do centro do país, a ecologia da Savana do Sudão, produtora de cereais, está a transitar para o Sahel puro e a influência do Sara está a aumentar para sul. Na mesma linha, a ecologia produtiva de raízes e tubérculos da Savana da Guiné está a dar lugar a pastagens da Savana do Sudão. Os pastores Fulani, que predominam nas ecologias do Sahel inferior e da savana do Sudão, estão agora a deslocar-se para sul, para os estados do norte (Nasarawa, Kogi, Abuja, Kwara, Plateau, Benue) que se situam na savana da Guiné e na cintura florestal do sul (a fim de) encontrarem pastagens mais verdes para os seus rebanhos. Isto não é aceitável para os produtores de raízes e tubérculos destes Estados do Norte, que cultivam perto da margem climática de cultivo (Odoh e Chigozie, 2012).

Na Tanzânia, estão a eclodir conflitos mortais no vale de Rufiji, no sudeste do país, à medida que os agricultores entram em conflito com os pastores que estão a ser empurrados para a zona pela seca, em busca de terra e água para os seus animais. Centenas de pastores das regiões vizinhas de

Iringa e Morogoro estão a dirigir-se para o delta do Rufiji, na região de Pwani (Costa), com milhares de cabeças de gado. Este movimento está a causar tensões entre os criadores de gado, que procuram desesperadamente novas pastagens, e os agricultores locais, o que tem resultado em lutas, ferimentos e mesmo várias mortes

(Makoye, 2012). A capacidade do ambiente das pastagens para sustentar as populações humanas e animais depende fortemente da escassez de recursos. Devido à disponibilidade limitada de água neste ambiente, as pastagens são muito vulneráveis às flutuações da precipitação. Os conflitos e a competição entre dois grupos são de esperar sempre que os recursos necessários são escassos. Os meios de subsistência dos pastores e dos agricultores dependem do seu acesso aos mesmos recursos, especialmente à água, e em épocas de stress climático, como uma seca, as pressões ambientais aumentam a possibilidade de conflito entre os dois grupos, uma vez que competem pelos recursos (Moritz, 2012). Para além da natureza cíclica da seca no Norte da Nigéria, verifica-se um declínio progressivo da precipitação de 20% para mais de 30% na região do Lago Chade entre as décadas de 1960 e 1990 (Ayuba et al., 2007). O aumento das catástrofes naturais, a seca, a desertificação, o aumento da temperatura e a redução da precipitação são alguns dos factores associados às alterações climáticas.

Os efeitos das alterações climáticas são parcialmente responsáveis pela maioria dos conflitos entre agricultores e pastores na Nigéria. As comunidades nómadas do norte estão a deslocar-se cada vez mais para sul à medida que as alterações climáticas transformam as suas terras de pastagem em deserto (IRIN, 2013). A desflorestação (abate indiscriminado de árvores sem a sua substituição) é uma prática comum no Estado de Borno, onde mais de 80% das famílias utilizam lenha ou os seus produtos (carvão vegetal) como combustível para cozinhar. Este continua a ser um dos factores responsáveis pelas alterações climáticas na região. Ayuba (2008) referiu que a desflorestação está diretamente relacionada com a desertificação, a erosão acelerada do solo, o declínio da produtividade do solo e a perda de terras agrícolas, que são problemas ambientais graves no país. Cerca de 35 por cento das terras que eram cultiváveis há 50 anos são agora desertos em 11 dos estados mais setentrionais da Nigéria: Borno, Bauchi, Gombe, Adamawa, Jigawa, Kano, Katsina, Yobe, Zamfara, Sokoto e Kebbi (IRIN, 2013). No Estado de Borno, por exemplo, as populações das zonas governamentais locais de Abadam, Kukawa, Gamboru-Ngala, Kala-Balge e Mafa têm enfrentado dificuldades devido à invasão progressiva do deserto, que lhes roubou as terras (Daily Trust, 1st novembro de 2015).

2.4.5 Diminuição do lago Chade

O Lago Chade está a diminuir rapidamente, ameaçando assim os milhões de pessoas que dele dependem para sobreviver (CNN, 2011). O lago deixou literalmente de ser um oásis no deserto para ser apenas deserto. Abrangendo os países do Chade, da Nigéria, do Níger e dos Camarões e fazendo fronteira com o deserto do Sara, o lago contraiu-se em 95% entre 1963 e 2001 (Notaras e Aginam, 2009 e LCBC, 2014). Confrontadas com a pobreza, as populações da região sofrem os efeitos das secas e da desertificação que persistem há quase 40 anos e devastaram as paisagens, os métodos de produção e as interacções entre as actividades humanas e os recursos naturais renováveis (Jauro, 2007). A diminuição do lago tornou a agricultura precária (Blench, 2004). Consequentemente, à medida que as zonas secam, os agricultores e os pastores de gado tiveram de se deslocar para sul, em direção a zonas mais verdes, onde acabam por competir pelos escassos recursos disponíveis, como a água doce e as terras aráveis/pastagem, com outros grupos económicos ou com as comunidades de acolhimento. Isto explica alguns dos conflitos entre pastores e comunidades agrícolas registados nos últimos anos no nordeste da Nigéria.

Alguns dos agricultores que foram forçados a migrar da região do Lago Chade foram para as cidades, até Lagos, onde ocuparam postos de trabalho braçais ou engrossaram as fileiras dos desempregados, agravando as crises sociais na região (Science in Africa, 2003). Com a diminuição da quantidade de água ou a degradação da sua qualidade ao longo do tempo, o efeito líquido na região será inquietante: a frequência e a intensidade dos conflitos na região aumentarão, conduzindo à ecomigração e a uma massa de refugiados ambientais (Onuoha, 2008). A população local recorre agora a uma prática de cultivo inadequada, conhecida como cultivo de fundo de lago ou cultivo de humidade recuada, que expõe ainda mais o lago a impactos climáticos graves. A expansão acentuada da cultura de fundo de vale na Nigéria desde os anos 80 significou que os pastores e os agricultores competem agora muito diretamente pelo acesso às zonas húmidas, com o consequente aumento de conflitos (Blench, 2004) in Onuoha, 2008). Embora os conflitos sobre a utilização dos recursos sejam comuns na bacia, e altamente subnotificados, o grau de conflito entre os diferentes utilizadores dos recursos varia entre insignificante e extremamente tenso, mas o conflito entre pastores e agricultores ultrapassa de longe todos os outros tipos de conflitos sobre os recursos em termos de frequência e importância na região do Lago Chade (ibid).

2.4.6 Roubo/Roubos de gado

O roubo ou furto de gado foi outra causa importante de conflitos nas comunidades agrícolas. De acordo com Ofouku e Isife (2009), os casos de roubo de gado (furto) também são conhecidos por terem causado conflitos entre agricultores e pastores. Em todas as comunidades, há malfeitores. Alguns deles foram apanhados a roubar touros e vacas dos pastores nómadas. Isto leva à morte dos ladrões. As mortes enfurecem frequentemente as comunidades de acolhimento. Tonah (2006) relatou de forma semelhante que a perda frequente de gado para os ladrões de gado piorou a relação já tensa entre agricultores e pastores na bacia do Volta, no Gana. O gado perdido que destrói as culturas no campo também causou conflitos entre os agricultores e os pastores nómadas. Os agricultores, enraivecidos, abatem esses animais vadios. Isto causou uma série de problemas entre as comunidades agrícolas anfitriãs e os pastores nómadas. Haman (2012) relatou que os agricultores desenvolveram o que parece ser uma estratégia de compensação do roubo de gado pelos danos causados nas suas explorações de painço e canais de pesca pelo gado nómada. Isto ocorre de duas formas: ao longo dos corredores de transumância e dentro da planície de inundação. O roubo de gado ao longo dos corredores de transumância é o segundo maior roubo de gado na planície de inundação. Os homens de Mousgoum (aldeões do norte dos Camarões), enquanto se escondem nos arbustos próximos, pedem aos seus filhos para assustarem o gado nómada transumante com pedras, cães e ruídos altos. Na tentativa de afugentar as crianças, os nómadas perdem o controlo do gado, sendo alguns deles apanhados pelos homens Mousgoum nos arbustos próximos. No espaço de um ano, 60 a 85 cabeças de gado podem desaparecer ao longo dos corredores de transumância.

2.5   Instituições tradicionais

Por instituições tradicionais, referimo-nos aos acordos políticos autóctones através dos quais os líderes com antecedentes comprovados são nomeados e instalados em conformidade com as disposições das suas leis e costumes nativos (Orji e Olali, 2010). Os governantes tradicionais possuem conhecimentos locais exactos que remontam a muitos anos e podem também ter boas redes de comunicação com as bases através dos titulares de títulos. A sua neutralidade política ajuda a prevenir conflitos e é importante na mediação de conflitos. Os métodos tradicionais de resolução de conflitos são também mais económicos do que os modernos. Os governantes tradicionais não devem abusar do seu cargo para obterem o respeito do público. A visita a outros governantes tradicionais é um instrumento eficaz de gestão de conflitos (Blench et al., 2006).

As estratégias emergentes na gestão dos conflitos violentos da Nigéria têm uma base sólida nas culturas tradicionais africanas. Contrariamente à crença geral nos paradigmas ocidentais, todas as comunidades africanas têm capacidades para promover a compreensão mútua e a coexistência pacífica (Lauer, 2007). A adoção acrítica de abordagens ocidentais à gestão de conflitos tem afetado negativamente a estabilidade e o desenvolvimento de muitas sociedades africanas, incluindo a Nigéria. As instituições tradicionais do continente estão incumbidas de funções legislativas, executivas e judiciais. São elas que fazem
leis, executá-las e interpretar e aplicar as leis fundamentais, os costumes e as tradições do povo para o bom funcionamento das suas comunidades (Nweke, 2012).

Há tantos títulos para os governantes tradicionais como há línguas na Nigéria, talvez até mais. Nos estados muçulmanos do Norte, Emir é normalmente utilizado na língua inglesa, mas os nomes nas línguas locais incluem Sarki, Shehu, Mai, Lamido, etc. Oba é o título do governante supremo de Edo, enquanto Enogie e Odionwere são atribuídos aos seus duques e governadores, respetivamente. O mesmo título é utilizado pelos iorubás para se referirem aos seus diferentes governantes, embora sejam também utilizados outros títulos, como Alake, Alaafin ou Olu'wo, específicos do povo e/ou do local governado. No sudeste, Obi, Igwe e Eze são títulos comuns entre os governantes Igbo, mas também existem muitos títulos locais, como Amanyanabo, Orodje, Obong, etc. Embora os seus portadores mantenham geralmente os estilos e títulos monárquicos dos seus antepassados reais, tanto as suas actividades independentes como as suas relações com o governo central da federação estão mais próximas, em substância, das da alta nobreza da velha Europa do que das dos verdadeiros monarcas reinantes (Wikipédia, 2016).

O modo de nomeação dos chefes tradicionais varia, nomeadamente entre os Emirados muçulmanos do Norte e os seus homólogos do Sul e do Sudeste do país. A maior parte dos cargos de chefia destas duas regiões geopolíticas do Sul são ocupados através da seleção ou eleição de indivíduos de integridade comprovada de qualquer parte da comunidade pelos instrumentos tradicionais, com base nos critérios estabelecidos na comunidade. Pelo contrário, no Norte e no Sudoeste, onde as instituições tradicionais estão profundamente enraizadas há muitos séculos, os cargos são hereditários. Apenas as pessoas pertencentes às famílias reais podem ser nomeadas. Por exemplo, para uma pessoa ser nomeada Shehu de Borno, tem de pertencer à realeza El-Kanemi (Ishaku, 2014).

Pode constatar-se que os Emirados do Norte foram também sustentados pela religião, nomeadamente o Islão. O Islão tem uma ideologia de autoridade muito própria, que remonta ao Califado de Bagdade, que foi codificado em numerosos textos. Isto cria transferibilidade, o potencial para operar sistemas amplamente semelhantes em contextos muito diferentes, o que é bastante distinto dos sistemas de realeza que evoluíram em África, cujas estruturas eram sustentadas pela etnicidade e pela especificidade de ambientes particulares. Consequentemente, os Emirados tinham tendência a ter funcionários, burocracias, tribunais e outras instituições que podiam, de alguma forma, ser mapeados de acordo com as expectativas das autoridades coloniais. O governo indireto fazia, assim, algum sentido e muitas das suas características persistiram muito depois do seu fim formal. Os tribunais islâmicos, por exemplo, continuaram a funcionar em zonas não muçulmanas durante a década de 1980. Mas esta proeminência crescente suscitou uma oposição cada vez maior. Especialmente no Sul, onde os chefes nunca tiveram o tipo de prestígio de que gozavam no Norte, muitos activistas e advogados questionam a necessidade de instituições que consideram arcaicas (Blench e Dendo, 2006).

2.5.1 Instituições tradicionais no Estado de Borno

Borno é um dos estados da parte nordeste da Nigéria com um governador eleito, uma assembleia estadual e um sistema judicial como acontece em todos os estados da federação. O Estado tem 27 áreas governamentais locais com os seus presidentes e conselheiros eleitos. Nalgumas áreas da administração local, encontram-se também os tribunais de magistrados e de área que exercem as suas responsabilidades primárias formais. Blench e Dendo (2006) observaram que, apesar disso, existe um sistema paralelo significativo de "governantes tradicionais", indivíduos não eleitos cujas raízes remontam, por vezes, aos sistemas de autoridade da era pré-colonial, como o Shehu de Borno e os grandes Emirados do Norte. Durante os longos anos de governo militar, os governantes tradicionais mantiveram em grande medida o seu estatuto, com exceção de uma alteração importante em 1967-68, quando os seus poderes em matéria de assuntos judiciais foram significativamente reduzidos. No entanto, com a introdução da democracia em 1999 e a necessidade de estabelecer um quadro constitucional mais abrangente, a questão dos governantes tradicionais voltou a ser objeto de destaque.

A história de Borno tem as suas raízes na história da expansão do Kanem para oeste a partir de Bahr-el Nur, uma área a leste do Lago Chade. Pouco se sabe sobre os povos que viveram nesta grande bacia de drenagem interior do Lago Chade, entre os séculos IX e XIII. Os governantes Saifawa (Mai) de Kanem deslocaram-se para a zona a oeste do Lago Chade no século XIV. Este povo era conhecido como o povo de Bahr-el Nur. Este nome foi mais tarde corrompido para Borno (CPA, 2016). Foi sob os Mai que os Kanuri emergiram como uma nação a noroeste do Lago Chade. Inicialmente, controlavam as povoações que faziam fronteira com o rio Yobe até Geidam, com a sua capital em Gazargamu. Borno atingiu o auge do seu poder imperial durante o reinado de Mai Idris

Aloma. No século XIX, Borno era muito extenso e a região em redor do Lago Chade era o ecúmeno do Império (Walker, 2013).

O Estado de Borno está dividido em oito emirados: Borno, Biu, Dikwa, Bama, Gwoza, Shani, Askira e Uba. Os emires do antigo Império Kanem-Bornu têm desempenhado um papel na política desta região há quase 1000 anos. A atual dinastia ganhou o controlo do Emirado de Borno no início do século XIX e foi apoiada pelos britânicos, que impediram uma derrota militar do grupo e estabeleceram uma nova capital para a dinastia em Maiduguri ou Yerwa (como os nativos se referem) em 1905, que continua a ser a capital até hoje (Wikipédia, 2013). O governante tem o título de Shehu de Borno. O emirado tradicional de Borno mantém um governo cerimonial do povo Kanuri, com sede em Maiduguri, no Estado de Borno, e na Nigéria em geral, também reconhecido pelos 4 milhões de Kanuri nos países vizinhos. A atual linha governativa, a dinastia al-Kanemi, data da ascensão de Muhammad al-Amin al-Kanemi no início do século XIX, deslocando a dinastia Sayfawa que governava desde cerca de 1300 d.C. (Wikipedia, 2013).

Além disso, de acordo com a estrutura tradicional, o Borno é constituído por oito emirados (Borno, Dikwa, Biu, Bama, Shani, Askira, Uba e Gwoza). Estes emirados estão subdivididos em cerca de sessenta distritos e mais de 300 unidades de aldeia. A nível administrativo, existem vinte e sete zonas governamentais locais no Estado. As LGAs estão subdivididas em distritos. Algumas LGAs têm apenas um emirado, enquanto outras têm mais do que um, mas a LGA de Askira/Uba tem dois emirados. Cada distrito é dirigido por um chefe de distrito, que é o representante oficial da autoridade tradicional na sua área de jurisdição. A chefia distrital é, em grande medida, hereditária. O chefe de distrito dispõe de um gabinete, de pessoal e de uma viatura oficial. É inicialmente colocado no nível salarial 08 e pode subir até ao nível 14. Os distritos estão ainda subdivididos em zonas de aldeia. Uma área de aldeia é uma povoação ou grupo de povoações sob a alçada de um chefe de aldeia (BSMLCA, 2014). O chefe de aldeia é nomeado e, em grande medida, hereditário. O chefe da aldeia faz a ligação entre o seu povo e as autoridades de nível superior (Conselho LG, Conselho dos Emirados e Governo do Estado). A reestruturação das zonas distritais e das aldeias é um processo contínuo, por vezes ditado por considerações políticas.

Entre os três emirados e as quatro chefias do Estado, o maior é o emirado de Borno, com dezasseis LGA, nomeadamente Maiduguri, Jere, Guzamala, Mobbar, Abadam, Nganzai, Gubio, Kukawa, Monguno, Marte, Mafa, Konduga, Magumeri, Kaga, Damboa e Chibok. O Emirado de Dikwa inclui Dikwa, Ngala e Kala-Balge. O Emirado de Biu inclui Biu, Hawul, Kwaya Kusar e Bayo. Os emirados de Bama, Shani e Gwoza têm uma LGA cada um, enquanto a LGA de Askira/Uba tem dois emirados (Askira e Uba). Os chefes tradicionais dos emirados e das chefias constituem o Conselho Tradicional do Estado de Borno, presidido pelo Shehu de Borno. Os chefes tradicionais aconselham as LGAs e o Governo do Estado sobre questões tradicionais e culturais.

2.6 Instituições de Gestão de Conflitos

Existem vários mecanismos de resolução de conflitos entre agricultores e pastores, que incluem as instituições tradicionais, a polícia, os tribunais e o exército, o governo estatal e local, a comunidade internacional e as organizações não governamentais e a integração de sistemas tradicionais e modernos.

2.6.1 Instituições tradicionais e gestão de conflitos

A natureza das instituições tradicionais de resolução de conflitos é relativamente informal, um sistema social comprovado pelo tempo e orientado para a reconciliação, manutenção e melhoria das relações sociais (Osei-Hwedie e Rankopo, sem data). O seu envolvimento na resolução de conflitos desempenha um papel muito significativo na vida quotidiana dos africanos (Zeleke, 2009); são mais responsáveis do que qualquer outro grupo (como a polícia, o exército ou o tribunal) e são as únicas autoridades que podem tomar medidas preventivas (Nweke, 2012). Os conflitos são geralmente resolvidos com base nos costumes e tradições das pessoas. As instituições tradicionais têm abordagens diferentes para a gestão e resolução de conflitos, consoante a comunidade. O que é adequado numa comunidade pode não o ser noutra. Beige (2006) concorda com esta posição quando argumenta que as abordagens tradicionais variam consideravelmente de sociedade para sociedade, de região para região, de comunidade para comunidade. Afirma ainda que existem tantas abordagens tradicionais diferentes para a transformação de conflitos como diferentes sociedades e comunidades com uma história específica, uma cultura específica e costumes específicos, mesmo no Sul, como em qualquer outro país. Acrescentou ainda que as abordagens tradicionais são sempre específicas do contexto e não são universalmente aplicáveis como o são os métodos modernos ou convencionais. Alguns tomam medidas para criar procedimentos semelhantes aos de um tribunal, com testemunhas, inspeção do local e avaliação independente dos custos e outros, e fazem julgamentos arbitrários (Blench e Dendo, 2005). Desempenharam um papel significativo nas conferências de paz que se seguiram a desordens civis e que são características semi-permanentes da paisagem política na Nigéria (Blench e Dendo, 2006).

Uma parte do sistema "tradicional" são as associações que se formaram nos últimos anos para representar os interesses dos criadores de gado e dos pescadores. A mais conhecida é a Miyetti Allah, uma associação Fulani que tem filiais em quase todos os estados da Nigéria. Uma organização semelhante, a Al-Haya, representa os pastores Shuwa e Kanuri. Uma organização nacional promove os pontos de vista dos pescadores profissionais a nível estatal e nacional. Estas organizações desempenham frequentemente um papel na resolução de litígios, mas só são tão boas como os seus representantes locais, que podem ser activos ou totalmente passivos. No entanto, estas associações nunca devem ser ignoradas, devendo antes ser trabalhadas e reforçadas, uma vez que representam um grupo importante (Blench e Dendo, 2005).

Em muitas áreas, foram criadas iniciativas locais, normalmente comités que incluem líderes dos grupos pastoris e outros líderes comunitários, pelos chefes tradicionais da jurisdição, nos quais estes desempenham um papel de mediação de litígios e, subsequentemente, lhes prestam fidelidade. Todos os grupos Fulbe de um determinado Emirado estão sob a alçada de um Sarkin Fulbe, nomeado pelos chefes distritais e que usa turbante nas cerimónias realizadas pelos Emires ou pelos seus conselheiros superiores. Abaixo do Sarkin Fulbe encontra-se o Ardo, um título tradicional Fulbe, nomeado maioritariamente pelos chefes de distrito, que representa os interesses de determinados clãs Fulbe, Leyyi, e é aceite pela comunidade pastoral. Normalmente, existem vários Ardos num distrito que são responsáveis perante o chefe do distrito. Através desta estrutura hierárquica, o conselho do Emirado pode monitorizar e gerir conflitos, particularmente as frequentes disputas entre agricultores e pastores. O *Sarkin Fulbe* reúne-se normalmente com todos os *Ardos* para discutir questões de interesse, incluindo disputas actuais sobre a gestão e utilização dos recursos pastoris (Blench, 2003, Blench e Dendo, 2006)

O governante tradicional de Shani, por exemplo, tomou como política convocar todos os seus chefes distritais e líderes pastoris no início das estações húmida e seca para discutir as culturas e a evacuação antecipada das colheitas, a fim de evitar atritos entre agricultores e pastores. Os chefes de distrito e os *Ardos, por sua* vez, discutirão o assunto com os *Bulamas*, os agricultores e os pastores. O governante tradicional considerou este sistema viável e, por conseguinte, monitorizou-o de perto para evitar abusos (Blench e Dendo 2005). As rotas de gado que conduzem às áreas de fadama para pastar e dar de beber aos animais também são protegidas contra a invasão. Qualquer agricultor que invada as rotas de gado será convidado a desistir imediatamente e, em caso de danos nas culturas, o agricultor não tem motivo para se queixar. Em caso de danos nas culturas, o agricultor e o pastor são encorajados a chegar a acordo sobre uma indemnização razoável. Se não conseguirem chegar a acordo, o Bulama ou o chefe do distrito actua como mediador. Só em casos extremamente raros é que a polícia intervém.

Os chefes das aldeias com mais visão de futuro criaram medidas preventivas; nos estados de Yobe e Bauchi, estas medidas são designadas por "Comité de Hospitalidade". Estes residentes locais, nomeados pelo chefe da aldeia, vão encontrar-se com os Fulani que estão a chegar à zona ou que querem instalar os seus acampamentos na zona. A maior parte deles são transumantes que já visitaram a área em anos anteriores, o que facilita a organização de reuniões. Mas podem surgir problemas quando um novo grupo de pastores chega à zona. O Comité tenta estabelecer regras básicas com os Fulani, de modo a que, se ocorrerem danos nas culturas ou outros litígios, ambas as partes tenham aceite um procedimento acordado. Também têm uma versão indígena de um Acordo de Utilização de Recursos, essencialmente demarcando a terra onde o pastoreio é aceitável e avisando os pastores de potenciais terras agrícolas (Blench e Dendo, 2005).

No início de cada estação chuvosa, o Shehu dá igualmente instruções a todos os chefes de distrito do emirado de Borno para convocarem os anciãos das aldeias, os chefes dos bairros, os anciãos das comunidades e os dirigentes das Associações de Agricultores Locais (AFL) e dos grupos pastoris (Al-haya e Miyetti-Allah para os Shuwa e os Fulbe, respetivamente). Na reunião, recordar-lhes-á a necessidade de respeitarem rigorosamente as regras e os regulamentos em vigor estabelecidos pelo Emirado em matéria de actividades agrícolas e pastoris, a fim de evitar conflitos entre agricultores e pastores no Estado. Os pastores serão aconselhados a seguir as rotas do gado quando vão pastar o seu gado e as crianças pequenas não devem ser autorizadas a ir pastar sozinhas. Por outro lado, pede-se aos agricultores que deixem de cultivar nas rotas do gado e respeitem todos os planos de utilização dos recursos. O Shehu de Dikwa, o Chefe de Shani e os Emires de Biu, Gwoza, Bama, Askira e Uba também dão anualmente directivas semelhantes aos chefes de distrito nos respectivos Emirados. Os esforços dos governantes tradicionais, especialmente na medida em que afectam a utilização dos recursos e a gestão de conflitos, são, por conseguinte, dignos de recomendação (USAID, 2005).

2.6.2 A polícia, os tribunais e o exército

As estruturas oficiais, tais como a polícia e os tribunais, têm geralmente uma má reputação junto das comunidades rurais e são consideradas como um último recurso. Os pastores nunca levam os casos à polícia; são vítimas naturais porque podem angariar dinheiro rapidamente e não têm os mesmos direitos que os indígenas/colonos. Mas os agricultores recorrem à polícia quando as autoridades tradicionais falham. O resultado é geralmente insatisfatório, com os agricultores a informarem frequentemente que têm de ser eles próprios a fazer os pagamentos para garantir que a polícia actue e, frequentemente, a não receberem qualquer compensação pelos danos causados às suas explorações. Os pastores podem ser detidos e têm de pagar somas avultadas para serem libertados. Os tribunais também são de pouca utilidade; as pessoas relatam casos que estão a ficar presos durante muitos anos. O exército não tem um papel oficial na gestão de conflitos a nível local, mas algumas comunidades e governos locais têm-no chamado a intervir quando a insegurança civil atinge níveis inaceitáveis. O recurso ao exército para manter a paz é um último recurso (Blench e Dendo, 2005). As principais estratégias oficiais do governo nigeriano para gerir conflitos violentos incluem a criação do Estado e o recurso à polícia móvel nigeriana, às forças armadas nigerianas, ao recolher obrigatório, à propaganda, aos painéis judiciais, às indemnizações e às punições. 2.6.3 Governos locais e estatais

Os confrontos são levados muito mais a sério nos níveis do Governo Estadual e Local, no sentido de que os seus círculos eleitorais pressionam as autoridades para soluções de longo prazo. Foram criadas iniciativas locais em muitas áreas; tipicamente comités que incluem líderes tanto dos grupos pastoris como de outros líderes comunitários (Blench e Dendo, 2003). Os funcionários do governo local e estatal estão frequentemente em conflito com os governantes tradicionais sobre quem detém o poder numa região. Assim, os funcionários preferem supervisionar os comités de estabelecimento da paz e estar no controlo, naquilo que consideram ser o seu papel constitucional. Consequentemente, por vezes, prejudicam os governantes locais. Por exemplo, no Estado de Borno, as autoridades tradicionais proibiram certos tipos de redes de pesca susceptíveis de danificar as populações de peixes. No entanto, o Presidente do Governo Local diz que, à luz da "democracia", toda a gente é livre de pescar da forma que quiser. Em alguns casos, o Governo Local tem estado ativo na formação de comités de pacificação, por exemplo, no Estado de Kebbi. No entanto, o problema é que os funcionários do Governo Local são eleitos por uma certa secção da comunidade e podem tender a ser egocêntricos em vez de tomarem em consideração os interesses de todos os grupos (Blench e Dendo, 2005).

2.6.4 Comunidade Internacional e Organizações Não-Governamentais

Os peritos internacionais em resolução de conflitos têm viajado por todo o mundo, desenvolvendo teorias e aplicando-as quase independentemente dos contextos locais. Foi o que aconteceu na Nigéria e, a partir de 1995, a resolução de conflitos tornou-se uma estratégia popular, com a sua concomitante parafernália de workshops de partes interessadas. Ao mesmo tempo, desenvolveu-se uma extensa literatura, a maior parte da qual é uma narrativa sem fôlego, que relata os movimentos e os contra-movimentos em várias conferências. Muito disto é quase instantaneamente esquecido, porque quase nada teve um impacto real. Os doadores e os empresários locais continuam presos numa dança ritual, com publicações e relatórios a inundar o "mercado", mas sem quaisquer consequências a longo prazo. O governo foi encorajado a financiar um Instituto para a Paz e Resolução de Conflitos, que rapidamente se tornou ineficaz devido a disputas políticas internas. Isto não se deve necessariamente ao facto de os conselhos dados serem maus, mas simplesmente ao facto de não haver qualquer probabilidade de o governo vir a desenvolver e implementar as políticas recomendadas (Blench e Dendo, 2006). As actividades das ONG e dos governos estrangeiros em matéria de gestão de conflitos centram-se sobretudo no financiamento, na formação e na organização de conferências e workshops, e não no envolvimento direto nas crises.

Implicitamente na teoria e no contexto deste estudo, o conflito entre pastores nómadas de gado e agricultores na Nigéria, especialmente no Estado de Borno, conduz geralmente a enormes perdas em termos de recursos humanos, agrícolas e materiais. Por isso, a compreensão das causas e dos efeitos do conflito entre nómadas e agricultores no Estado é um pré-requisito importante para a realização dos objectivos das políticas de desenvolvimento agrícola em que os especialistas em investigação e os agentes de extensão estão profissionalmente empenhados (Dotchkele, 2012).

2.7 Limitações dos mecanismos tradicionais de resolução de conflitos

Cada grupo étnico aplica a justiça tradicional da forma que considera mais apropriada (Wassara, 2007). Por conseguinte, não existem leis, regras ou princípios formais ou uniformes entre as várias instituições tradicionais em muitos países, e na Nigéria em particular. A concorrência entre as autoridades tradicionais e as leis contemporâneas e as suas agências de aplicação (tribunais/polícia) é outro problema que os mecanismos tradicionais de resolução de conflitos enfrentam. Muitos litígios foram resolvidos pelos chefes das aldeias, mas, mais tarde, as partes em conflito terão sido detidas pela polícia pelo facto de o caso não lhes ter sido comunicado, o que se conjuga com as limitações de poder dos chefes tradicionais. Também se argumentou que a Reforma do Governo Local de 1976 retirou aos chefes tradicionais o seu poder de multar e prender, tornando o seu papel mais cerimonial do que efetivo (Blench e Dendo, 2003). Além disso, a partir de 2006, a constituição nigeriana não prevê qualquer disposição relativa aos governantes tradicionais e, legalmente, estes continuam sob a égide da constituição de 1979, o que constitui uma representação irrealista do seu papel efetivo. Na realidade, a política é feita numa base ad hoc, estado a estado, e evolui rapidamente (Blench e Dendo, 2006). Mais uma vez, os políticos tentam ganhar votos prometendo melhorar as chefias ou criar novas. Os chefes ou emires que são criados pelos políticos são geralmente vistos como titulares de cargos políticos e carecem de reputação por parte de alguns membros da comunidade, o que afecta o seu papel na resolução de conflitos. E, por último, o problema com as autoridades tradicionais é que o seu interesse nestes assuntos varia de uma aldeia para outra e as pessoas acusam-nas geralmente de aceitarem subornos. Nalgumas áreas, diz-se que os pastores ganham todos os casos porque são mais ricos que os agricultores e podem pagar mais. Noutros lugares, diz-se que os julgamentos são sempre a favor dos agricultores (Blench e Dendo, 2005).

2.8   Quadro teórico

Antes de examinar as várias técnicas e sua adequação na resolução dos conflitos que surgem nas áreas agro-pastoris, é necessário examinar a natureza do conflito e as circunstâncias em que ele surge, bem como o significado e a justificativa para a resolução de conflitos (FAO, 2013). A exploração da teoria do conflito é importante para compreender a natureza do conflito de recursos naturais (Umar, 2004). Para efeitos do presente estudo, a Teoria da Dupla Preocupação e a Teoria Estrutural foram utilizadas para explicar o conflito entre agricultores e pastores e a natureza das estratégias tradicionais de resolução de conflitos na área de estudo.

2.8.1   Teoria da dupla preocupação

O modelo de dupla preocupação teve origem na teoria de Blake e Mouton, segundo a qual os conflitos nas organizações são geridos de formas diferentes consoante o gestor tenha uma preocupação elevada ou baixa com a produção e uma preocupação elevada ou baixa com as pessoas (Deborah e Edward, 2002). Esta teoria sugere que o conflito exige o equilíbrio entre a preocupação de atingir os próprios objectivos e a preocupação com as outras pessoas e a manutenção de relações saudáveis (Olayinka et al., 2015). O modelo de dupla preocupação da resolução de conflitos é uma perspetiva concetual que assume que o método preferido dos indivíduos para lidar com o conflito se baseia em dois temas ou dimensões subjacentes: a preocupação consigo próprio (assertividade) e a preocupação com os outros (empatia), (Wikipedia, 2016).

De acordo com o modelo, os membros do grupo equilibram a sua preocupação em satisfazer as suas necessidades e interesses pessoais com a sua preocupação em satisfazer as necessidades e interesses dos outros de formas diferentes. A intersecção destas duas dimensões acaba por levar os indivíduos a exibirem diferentes estilos de resolução de conflitos. O'Connell (2012) esclarece ainda que, o modelo de Dupla Preocupação descreve a escolha de cada parte numa estratégia de resolução de conflitos como reflectindo tanto a preocupação consigo própria como a sua preocupação para o outro lado. Neste sentido, a sua "preocupação" pode ser elevada, uma preocupação com o bem-estar da outra parte ou com o sucesso na concretização das suas ambições. Ou pode ser baixa, uma preocupação baseada apenas no papel que a outra parte desempenha no conflito.

O modelo dual identifica cinco estilos/estratégias de resolução de conflitos, a saber: estilo de conflito de evitamento/passividade, estilo de conflito de acomodação/rendimento, estilo de conflito de competição/conflito, estilo de conflito de cooperação/colaboração e estilo de conflito de conciliação/compromisso.

2.7.4.1 Estilo de Conflito Evitação/Passividade

Isto implica a retirada de um conflito ativo ou a assunção de uma posição inativa no conflito. Esta estratégia é a escolha provável quando a preocupação consigo próprio e com a outra parte é baixa (O'Connell, 2012). Caracterizado por gracejar, mudar ou evitar o tópico, ou mesmo negar que existe um problema, o estilo de evitamento de conflitos é utilizado quando um indivíduo não tem interesse em lidar com a outra parte, quando se sente desconfortável com o conflito, ou devido a contextos culturais. Durante o conflito, estes evitadores adoptam uma atitude de "esperar para ver", permitindo frequentemente que o conflito se resolva por si só, sem qualquer envolvimento pessoal (Olayinka et al., 2015). Relacionando este estilo com as estratégias tradicionais de resolução de conflitos, os árbitros introduzem frequentemente piadas entre os agricultores e pastores em disputa, o que, por sua vez, ajuda a desenvolver a atitude de evitamento. No entanto, devido à sua natureza de baixa preocupação consigo próprio e com os outros, ao negligenciar a resolução de situações de conflito elevado, os evitadores correm o risco de permitir que os problemas se agravem sem controlo.

2.7.4.2 Estilo de Conflito Acomodação/Resistência

Em contrapartida, os estilos de conflito de cedência ou "acomodação" são caracterizados por um elevado nível de preocupação com os outros e um baixo nível de preocupação consigo próprio. Esta abordagem pró-social passiva surge quando os indivíduos obtêm satisfação pessoal ao satisfazerem as necessidades dos outros e têm uma preocupação geral em manter relações sociais estáveis e positivas. Quando confrontados com um conflito, os indivíduos com um estilo de conflito cedente tendem a ceder às exigências dos outros por respeito pela relação social (Olayinka et al., 2015). Os agricultores com este tipo de atitude permitem frequentemente que os conflitos sejam resolvidos entre eles e os pastores sem pagamento de indemnização. Do mesmo modo, os pastores com a mesma atitude insistem sempre em indemnizar os agricultores pelos danos causados pelos seus animais. Nesta situação, os árbitros têm menos trabalho a fazer e a resolução de conflitos é mais fácil do que noutras situações.

2.7.4.3 Estilo de conflito competitivo/conflituoso

Esta estratégia, que consiste em resolver o conflito através de uma ação unilateral, é a escolha mais provável quando a preocupação consigo próprio é elevada e a preocupação com a outra parte é baixa. O estilo de conflito competitivo ou de "luta" maximiza a assertividade individual (ou seja, a preocupação consigo próprio) e minimiza a empatia (ou seja, a preocupação com os outros). Os grupos constituídos por membros competitivos gostam geralmente de procurar dominar os outros e, normalmente, encaram o conflito como uma situação de "ganhar ou perder". Os lutadores tendem a forçar os outros a aceitar os seus pontos de vista pessoais, recorrendo a tácticas de poder competitivas (argumentos, insultos, acusações, violência, etc.) que fomentam sentimentos de intimidação (Morrill, 1995 e O'Connell, 2012). Nestas condições, a resolução de conflitos é mais difícil, uma vez que cada uma das partes em conflito quer derrotar a outra. Os indivíduos com este tipo de comportamento apresentam os seus casos maioritariamente aos tribunais ou às esquadras de polícia do que às instituições tradicionais de arbitragem.

2.7.4.4 Estilo de conflito cooperação/colaboração

Caracterizado por uma preocupação ativa com o comportamento pró-social e pró-eu próprio, o estilo de conflito de cooperação é normalmente utilizado quando um indivíduo tem interesses elevados nos seus próprios resultados, bem como nos resultados dos outros. Durante o conflito, os cooperadores colaboram com os outros num esforço para encontrar uma solução amigável que satisfaça todas as partes envolvidas no conflito. Os indivíduos que utilizam este tipo de estilo de conflito tendem a ser altamente assertivos e empáticos. Ao encarar o conflito como uma oportunidade criativa, os colaboradores investem de bom grado tempo e recursos na procura de uma solução "win-win". De acordo com a literatura sobre resolução de conflitos, um estilo cooperativo de resolução de conflitos é recomendado acima de todos os outros (Stemberg e Debson, 1987). Qualquer comunidade com um número razoável de pessoas com esta atitude regista menos ou nenhum caso de conflito.

2.7.4.5 Estilo de conflito Conciliação/Compromisso

O estilo de conflito de conciliação ou "compromisso" é típico dos indivíduos que possuem um nível intermédio de preocupação com os resultados pessoais e dos outros. Os transigentes valorizam a justiça e, ao fazê-lo, antecipam interacções mútuas de dar e receber. Ao aceitarem algumas exigências dos outros, acreditam que a sua atitude de concordância encorajará os outros a aceitarem-nas a meio caminho, promovendo assim a resolução do conflito. Este estilo de conflito pode ser considerado uma extensão das estratégias de "cedência" e "cooperação".

2.8.2 Teoria estrutural

Esta teoria vê a sociedade como um sistema complexo, mas interligado, em que cada parte trabalha em conjunto como um todo funcional. Uma metáfora para a abordagem estrutural-funcional é o corpo humano, em que cada um dos órgãos (braços, pernas, coração, cérebro, etc.) tem os seus próprios neurónios e sistemas de funcionamento, mas cada parte tem de trabalhar em conjunto para que a estrutura, ou sistema, funcione plenamente (Goodfriend, 2015). Existem diferentes estruturas ou sistemas numa sociedade. Podemos provavelmente pensar nos agricultores, pastores, comerciantes, professores, funcionários públicos, governantes tradicionais, líderes religiosos, carpinteiros, soldados, etc. Precisamos que todas estas pessoas trabalhem em conjunto para que uma sociedade funcione em pleno. De acordo com esta teoria, a estrutura da situação social de um ator é o conjunto de interacções possíveis com outros actores e os resultados prováveis dessas interacções (Umar, 2004).

A teoria estrutural dos conflitos baseia-se frequentemente nos pressupostos da microeconomia e da teoria dos jogos para explicar que os conflitos resultam dos cálculos racionais dos actores face a constrangimentos externos perceptíveis (Umar, 2004). A utilização do modelo estrutural em casos reais exige sempre uma análise dos contextos históricos e sociais do conflito. A ideia de que o conflito surge devido à forma como os recursos são afectados e que, se a afetação ou a estrutura dos recursos for alterada de forma positiva, isso pode reduzir a magnitude do conflito, transformando a esperança em cooperação e vice-versa (Guerin, sem data).

A Teoria da Dupla Preocupação é relevante para este estudo porque descreve as condições e atitudes dos diferentes actores em conflito, particularmente dos agricultores e pastores da área de estudo. A escolha do estilo/estratégia por parte dos árbitros do conflito pode depender das disposições dos actores do conflito em relação a objectivos pró-próprios ou pró-sociais. Por conseguinte, as instituições tradicionais devem estudar minuciosamente cada uma das estratégias e relacioná-las com as situações no terreno para uma aplicação correcta.

Do mesmo modo, a Teoria Estrutural pode ser adoptada para este estudo devido à sua natureza de considerar os contextos históricos e sociais dos conflitos numa sociedade, uma vez que a maioria dos chefes tradicionais tem uma melhor compreensão da história e da natureza dos vários conflitos nas suas comunidades. Outro fator que torna a Teoria Estrutural adequada para este trabalho é a sua ênfase na atribuição e gestão adequadas dos recursos naturais, como a terra, as áreas de pastagem, a água, etc. Isto é importante para assegurar um ambiente propício à produção agrícola e pecuária na área de estudo. Sendo membros da sociedade, os árbitros tradicionais normalmente desenvolvem mais interesse na atribuição e gestão adequadas dos recursos que os ajudarão a conseguir uma resolução amigável dos conflitos entre os agricultores e os pastores nas suas comunidades.

2.9   Modelo Conceptual

Um modelo refere-se à representação das relações existentes entre variáveis. Estas relações podem ser representadas de forma esquemática ou matemática. O modelo teórico é um sistema alargado de explicação que se baseia em grande parte em pressupostos não testados e não comprovados sobre as realidades sociais. (Ekong, 2003). O modelo concetual deste estudo foi construído com base no facto de as características socioeconómicas dos agricultores e pastores terem influência no seu envolvimento no conflito entre agricultores e pastores na área de estudo. A variável dependente do modelo concetual deste estudo foi o nível de envolvimento em conflitos entre agricultores e pastores. As variáveis independentes eram factores socioeconómicos (experiência agrícola, idade, rendimento, dimensão da família, nível de educação, dimensão da exploração agrícola e dimensão do rebanho). As setas indicam a relação esperada entre as variáveis independentes e a variável dependente, bem como entre a variável dependente e os resultados observáveis no estudo.

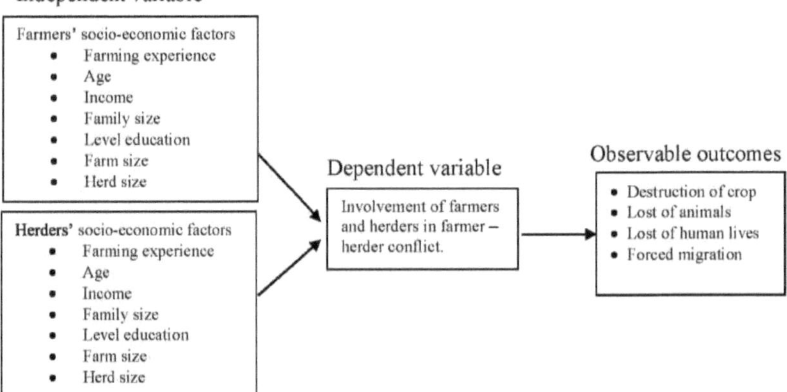

Figura 1: Modelo concetual que mostra os factores que influenciam o envolvimento em conflitos entre agricultores e pastores

CAPÍTULO 3

METODOLOGIA

3.1   A área de estudo

O Estado de Borno situa-se no extremo nordeste da Nigéria entre as latitudes 10° 30' e 13o 50' Norte e as longitudes 11.00o e 13° 45' Este e ocupa uma área de 69.435 km2 . O Estado faz fronteira com três Estados - Adamawa a sul, Gombe a sudoeste e Yobe a oeste, bem como com três países, nomeadamente, a República do Níger, o Chade e os Camarões a norte, nordeste e leste, respetivamente (Waziri, 2009) (figura 2). Ocupa a maior parte da bacia do Chade (Galleria Media Limited, 2004). O Estado tem uma população projectada de 5.450.236 pessoas para o ano de 2014 (Valenti, 2015). As LGAs seleccionadas têm uma população total de 690.516 pessoas. Ou seja, Damboa LGA tem 276.413, Jere LGA 247.856 e Magumeri LGA 166.247 (National Bureau of Statistics, 2014). A precipitação anual do Estado varia entre 300 mm e 900 mm e a duração da estação das chuvas situa-se entre 80 e 160 dias. A distribuição irregular da chuva significa que a agricultura é incerta em muitas partes do Estado, o que permitiu o desenvolvimento de extensas áreas de pastagem (Bleench e Dendo, 2005).

A maior parte da população do Estado obtém o seu sustento da agricultura e da pastorícia. A produção primária tem um vasto potencial de desenvolvimento no Estado. O Estado produz grandes quantidades de painço, arroz, mandioca, tamareiras, frutas, legumes, sorgo, trigo, batata-doce, cana-de-açúcar, amendoim, algodão, goma-arábica e muitos outros. O Estado de Borno é o maior centro de criação de gado em África (Borno State Agricultural Development Project, BOSADP Diary, 2010).

O Estado de Borno é um reduto da seita Boko Haram, que não só iniciou a sua campanha de terror neste Estado, como também é o local onde ocorre a maioria dos actos terroristas desde 1 de julho de 2009 até à data (Valenti, 2014). Em Maiduguri, a capital do Estado de Borno, onde a seita teve origem, os frequentes bombardeamentos e confrontos entre a Boko Haram e os agentes de segurança afectaram seriamente as actividades comerciais e empresariais da cidade, uma vez que muitas empresas se desmoronaram e muitas pessoas fugiram do Estado (This Day, 20th August 2012). Os membros da seita espalharam-se rapidamente para outras partes do Estado no início de junho de 2013, quando os militares nigerianos que operavam em Maiduguri foram apoiados por vigilantes civis, a "Civilian JTF" (CJTF). Estas são constituídas por jovens da cidade armados com catanas, machados, arcos e flechas, paus, espadas e punhais, que operam sob a supervisão dos comandantes de sector das JTF (Valenti, 2014).

O aumento das actividades da segurança conjunta (JTF e CJTF) na capital, Maiduguri, parece ter simplesmente deslocado a violência para outras áreas do Estado. Além disso, o número de vítimas mortais nas LGAs fora de Maiduguri aumentou muito mais rapidamente do que o aumento do número de incidentes (Fund for Peace, 2014). Desde então, milhares de pessoas foram mortas nas LGAs e centenas de milhares foram deslocadas, com uma escalada de violência que paralisou as actividades económicas, incluindo a agricultura e a pastorícia nas zonas.

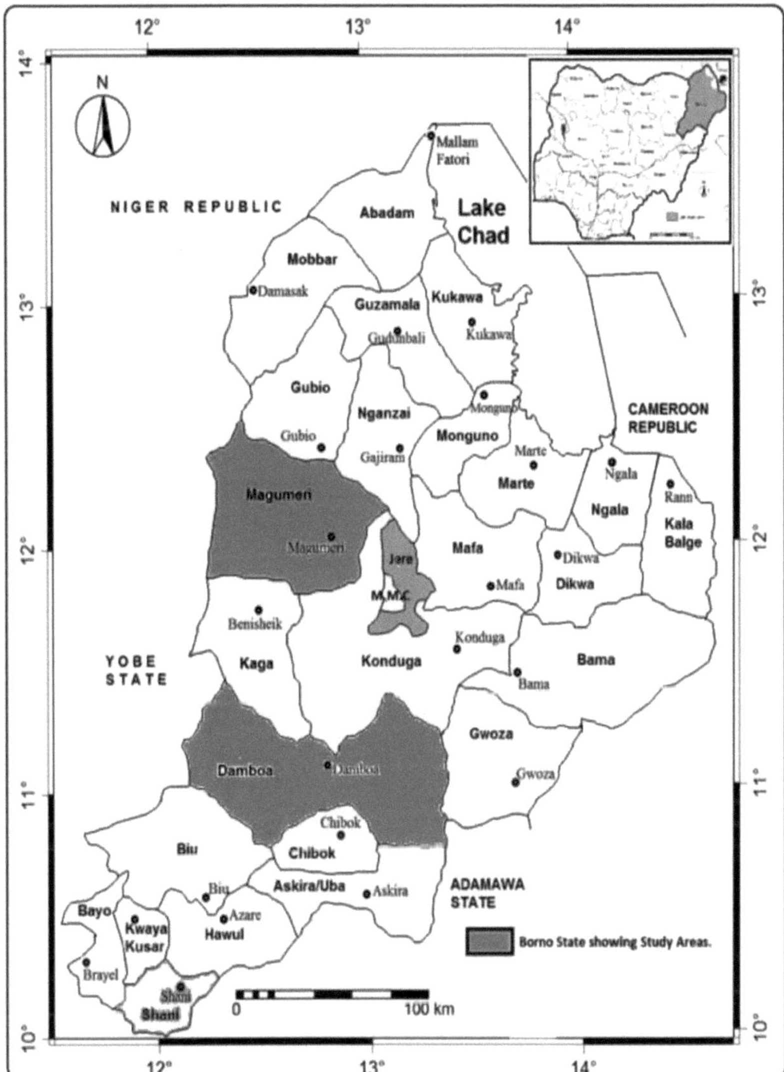

Fonte: Ministério do Território e do Ordenamento do Território, 2014

Figura 2: Mapa do Estado de Borno com as áreas governamentais locais estudadas

3.2   Processo de amostragem e dimensão da amostra

Foi utilizada uma técnica de amostragem em várias fases para selecionar os inquiridos para o estudo. Na primeira fase, foram seleccionadas propositadamente três áreas governamentais locais (Damboa, Jere e Magumeri LGAs) com base na frequência de ocorrência documentada de conflitos

43

entre agricultores e pastores (BSMAFFR, 2011) e na sua relativa paz face à insurreição do Boko Haram. Em seguida, foram seleccionadas propositadamente cinco aldeias em cada uma das três LGAs com base no mesmo fundamento, perfazendo um total de 15 aldeias. As aldeias são Abulitu, Alimiri, Iya, Kafa e Nzuda da Área de Governo Local de Damboa; Dusman, Wodiya, Bwale, Kolori e Zabarmari da Área de Governo Local de Jere e Ardoram, Furam, Dongo, Ngamma e Borno-Yesu foram seleccionadas da Área de Governo Local de Magumeri. Dez (10) agricultores e cinco (5) pastores foram seleccionados propositadamente de cada uma das 15 aldeias. Isto deu uma dimensão de amostra de 225 inquiridos, ou seja, 150 agricultores e 75 pastores. Por fim, os dados primários foram complementados com informações provenientes de materiais impressos, tais como livros didácticos, revistas, actas, teses, etc., a fim de garantir a adequação e a fiabilidade das informações recolhidas.

Quadro 3.1 Processo de amostragem e dimensão da amostra

	Number of LGAs in Borno State	Selected LGAs	Samped villages	No. of Registered farmers in the sampled villages	No. of farmers' Respondents	No. of Registered herders in the sampled villages	No. of herders' Respondents	Sample size
	27 LGAs	Damboa	Abulitu	212	10	78	5	
			Alimiri	172	10	91	5	
			Iya	181	10	90	5	
			Kafa	221	10	107	5	
			Nzuda	200	10	121	5	
		Jere	Dusman	150	10	104	5	
			Wodiya	214	10	91	5	
			Kalori	173	10	98	5	
			Zabamari	221	10	81	5	
			Bwale	197	10	114	5	
		Magumeri	Ardoram	240	10	97	5	
			B/Yesu	184	10	103	5	
			Dongo	179	10	84	5	
			Furam	194	10	116	5	
			Ngamma	274	10	114	5	
Total	27	3	15	3012	150	1489	75	225

Fonte: BOSADP (2013)

3.3 Método de recolha de dados

Os dados primários recolhidos para o estudo incluem informações sobre as características socioeconómicas, a perceção e a intensidade dos conflitos entre agricultores e pastores, as causas e os efeitos dos conflitos entre agricultores e pastores, incluindo as instituições de gestão de conflitos, o papel dos árbitros tradicionais na gestão de conflitos e a perceção dos inquiridos sobre a eficácia das instituições tradicionais na arbitragem dos conflitos entre agricultores e pastores, bem como outros dados relevantes que têm uma influência direta ou indireta no estudo. Para a recolha de dados, foi utilizado um questionário estruturado e um programa de entrevistas.

Foi utilizada uma escala de tipo Likert de 5 pontos para captar a perceção dos agricultores e pastores sobre os mecanismos de resolução de conflitos das instituições tradicionais da zona. Na escala de Likert, cada item do questionário deve ser respondido com uma das cinco opções de resposta ancoradas num contínuo de concordo totalmente, concordo, indeciso, discordo e discordo totalmente. Normalmente, alguns dos itens são assinalados de forma positiva e outros podem ser assinalados de forma negativa. No caso dos itens com uma classificação positiva, uma resposta de "concordo totalmente" tem 5 pontos, "concordo" tem 4 pontos, "indeciso" tem 3 pontos, "discordo" tem 2 pontos e "discordo totalmente" tem 1 ponto. Por outro lado, os itens com uma classificação negativa são normalmente classificados por ordem inversa (Emaikwu, 2015). As pontuações são finalmente somadas e atribuídas a cada item. As pontuações elevadas indicam atitudes favoráveis (satisfação) e vice-versa. Foram apresentadas aos inquiridos treze afirmações de perceção (7 com uma chave positiva e 6 com uma chave negativa). Para a descrição das respostas, a escala foi ainda tricotomizada em "concordo", "indeciso" e "discordo".

Também foram recolhidas informações relevantes de fontes secundárias, tais como teses, revistas, boletins, livros didácticos, actas e registos no gabinete do Programa de Desenvolvimento Agrícola do Estado de Borno (BOSADP), Ministério dos Recursos Animais, Pescas e Florestais. O investigador, juntamente com enumeradores formados (agentes de extensão) do Programa de Desenvolvimento Agrícola do Estado de Borno e dos Departamentos de Agricultura e Recursos Naturais das Áreas Governamentais Locais incluídas na amostra, administrou o questionário.

3.4 Análise de dados

Foram utilizadas estatísticas descritivas e inferenciais na análise dos dados. As estatísticas descritivas (tais como distribuições de frequência e percentagens) foram utilizadas para atingir os objectivos (i), (ii), (iii) e (iv). O objetivo (v) foi alcançado através da classificação por pares, que foi utilizada para dar prioridade às estratégias identificadas utilizadas pelas instituições tradicionais na resolução de conflitos na área de estudo. A classificação por pares é mais útil para explorar a razão pela qual as pessoas preferem uma possibilidade a outra (Adedo, 2000). A escala de Likert foi utilizada para atingir o objetivo (vii).

Foi utilizada estatística inferencial sob a forma de modelo de regressão logit para analisar a relação entre as características socioeconómicas dos agricultores e pastores e o seu nível de envolvimento no conflito entre agricultores e pastores na área de estudo. A aplicação do modelo na explicação de fenómenos socioeconómicos tem-se revelado mais adequada, sobretudo na análise da relação entre uma variável binária (dependente) e um conjunto de variáveis independentes (Ifah e Okwute, 1994). Teoricamente, o modelo é explicitamente expresso da seguinte forma;

$$\text{li} = \beta + \beta_1 X_1 + \beta_2 X_2 + \ldots\ldots + \beta_{12} X_{12} + e \ldots\ldots (i)$$

Onde,

Ii = Probabilidade de envolvimento em conflitos entre agricultores e pastores

β = interceção

...............β_{17} = coeficiente estimado

...............x_{17} = conjunto de variáveis independentes

A variável dependente é =1 se um inquirido esteve envolvido num conflito e =0 se não esteve. As variáveis explicativas utilizadas no logit e consideradas como factores socioeconómicos dos inquiridos envolvidos em conflitos entre agricultores e pastores na área de estudo foram X1 = Experiência agrícola (anos) X2 = Idade (anos)

X3 = Rendimento (₦)

X4 = Dimensão da família (número de pessoas no agregado)

X5 = Nível de instrução (número de anos de escolaridade)

X6 = Dimensão das terras agrícolas (Hectares)

X7 = Dimensão do efetivo (número de animais do efetivo)

CAPÍTULO 4

RESULTADOS E DISCUSSÃO

Este capítulo apresenta os resultados do estudo. Examina as variáveis socioeconómicas e institucionais, as causas e os efeitos dos conflitos entre agricultores e pastores e a eficácia das estratégias utilizadas pelas instituições tradicionais na gestão dos conflitos entre agricultores e pastores.

4.1 Características socioeconómicas dos inquiridos

4.1.1 Idade

Os resultados da Tabela 4.1 mostraram que cerca de metade (51,3%) dos agricultores entrevistados tinham idades compreendidas entre os 31 e os 45 anos, enquanto que menos de metade (44%) dos pastores se enquadravam no mesmo escalão. Isto implica que uma proporção considerável de agricultores e pastores estava na sua idade ativa, e é provável que dominem a tomada de decisões e a ação mais rapidamente do que os mais velhos. De acordo com Jatto (2012), os agricultores em idade jovem com exuberância juvenil são altamente vulneráveis a iniciar ou influenciar conflitos. Os inquiridos com mais de 61 anos de idade constituíam 1,3% dos agricultores e 12% dos pastores. Isto significa que os pastores mais velhos, independentemente da sua idade, se dedicam às suas actividades de pastoreio mais do que os seus homólogos agricultores que, na sua maioria, permanecem em casa e encarregam os mais jovens de realizar as suas actividades agrícolas.

4.1.2 Sexo

A maioria dos inquiridos era do sexo masculino, representando 83,3% e 90,7% dos agricultores e pastores, respetivamente. A implicação é que o número de mulheres encontradas em conflitos é sempre muito inferior ao dos homens. Este facto pode não ser alheio à natureza dos factores sócio-religiosos das pessoas na área de estudo. Isto está de acordo com a posição de Mai-jir (2014) que relatou que, os homens parecem ser dominantes na maioria das actividades sociais e económicas do que as mulheres, incluindo o envolvimento ou participação em conflitos.

4.1.3 Estado civil

Os resultados revelaram que os inquiridos na área de estudo têm um estado civil quase semelhante, pois 84% dos agricultores e 82,7% dos pastores eram casados. As proporções de divorciados, viúvos e separados constituíam menos de 7% de cada um dos grupos (agricultores e pastores). Isto implica que os inquiridos são responsáveis e capazes de cumprir as suas responsabilidades e, ao mesmo tempo, têm mais respeito pelas normas e tradições das suas comunidades. A resolução de conflitos entre esses indivíduos será mais fácil de alcançar pelas instituições tradicionais. Isto confirma o trabalho de Jatto (2012), segundo o qual os inquiridos casados são responsáveis de acordo com as normas sociais e, por conseguinte, é provável que tenham alguma experiência de vida.

4.1.4 Tamanho da família

Os resultados sobre o tamanho da família dos agricultores mostraram que cerca de um terço dos agricultores (37,4%) tem uma família de 6 a 10 pessoas, enquanto 41,3% dos pastores têm 1 a 5 membros. A implicação é que os agricultores têm famílias mais numerosas do que os pastores. Isto pode ser o resultado da natureza dos seus comportamentos sedentários, que os leva a casar com mais mulheres do que os pastores, ou seja, quanto maior for o número de mulheres, maior é a tendência para ter mais filhos e vice-versa. Outra razão para o tamanho reduzido da família dos pastores deve-se à natureza do seu nomadismo, que pode não ser conveniente para eles terem mais mulheres e filhos. Quando desencadeiam um conflito num determinado local, os nómadas migram facilmente desse local para outro. Este facto coincide com Idris (2011), segundo o qual a estratégia central para a resiliência e a capacidade de adaptação dos pastores é a mobilidade, ou seja, a capacidade de as pessoas e o gado se deslocarem de um local para outro em função das necessidades.

4.1.5 Nível de ensino

O quadro 4.1 indica que cerca de metade dos inquiridos (51,1%) obteve o ensino corânico e (18,2%) concluiu o ensino primário. Revelou ainda que (9,8%) concluíram o ensino secundário. Isto significa que a maior parte dos inquiridos recebeu educação de uma forma ou de outra. No entanto, o seu nível de educação ainda era baixo porque o nível de educação mais elevado (instituições terciárias), no qual são necessários mais anos para passar, tinha sido frequentado por apenas (5,3%) dos inquiridos e isto precisa de ser melhorado, uma vez que é vital para o desenvolvimento de qualquer sociedade. Os analfabetos ou os indivíduos com baixo nível de instrução envolvem-se frequentemente em conflitos, mais do que os seus homólogos com formação académica. Sabe-se também que a educação e a experiência melhoram a consciencialização de um problema (como o conflito) e a sua potencial solução (Mohammed, 2012).

4.1.6 Dimensão da exploração

O resultado indicou ainda que, a maioria (76,5%) dos agricultores cultivam culturas em terras agrícolas de 1 a 5 hectares e apenas 8% deles tinham terras agrícolas acima de 11 hectares. Todos os pastores que praticam o sistema agro-pastoril cultivam as suas colheitas em terrenos agrícolas de tamanho inferior a 5 hectares. A implicação é que a maioria dos agricultores opera a um nível subsistente. Os agricultores subsistentes geralmente cultivam pequenos pedaços de terra com baixos requisitos de capital e mao de obra e a produção é apenas suficiente para sustentar a família. As áreas dominadas pelos agricultores subsistentes são mais susceptíveis a conflitos entre agricultores e pastores, uma vez que os agricultores fazem tudo o que podem em nome da proteção das suas explorações agrícolas contra os danos causados pelos animais de pasto. Por vezes, uma ou ambas as partes podem tomar as leis nas suas mãos, o que pode levar a uma situação de conflito.

Tabela 4.1: Características socioeconómicas dos agricultores e criadores de gado

Attributes		Farmers(150)		Herders(75)		Pooled(225)	
		Freq.	%	Freq.	%	Freq	%
Age (years)	15-30	28	18.7	17	22.7	45	20.0
	31-45	77	51.3	33	44.0	110	48.9
	46-60	43	28.7	16	21.3	59	26.2
	61 and above	2	1.3	9	12.0	11	4.9
Mean age		38		19		56	
Sex	Male	125	83.3	68	90.7	193	58.8
	Female	25	16.7	7	9.3	32	14.2

Marital Status	Married	124	82.7	63	84.0	187	83.1
	Single	16	10.7	9	12.0	25	11.1
	Divorced	2	1.3	2	2.7	4	1.8
	Separated	3	2.0	1	1.3	4	1.8
	Widow	5	3.3	-	-	5	2.2
Family Size	1-5	47	31.3	31	41.3	78	34.7
	6-10	56	37.4	23	30.7	79	35.1
	11-15	15	10.0	8	9.7	23	10.2
	16-20	15	10.0	8	9.7	23	10.2
	21 and above	17	11.3	5	6.6	22	9.8
Mean of family size		**30**		**15**		**45**	
Level of Education	Primary	31	20.7	10	13.4	41	18.2
	Secondary	13	8.7	9	12.0	22	9.8
	Tertiary	7	4.6	5	6.7	12	5.3
	Adult Education	4	2.7	9	20.0	13	5.8
	Qur'nic	79	52.7	37	49.3	116	51.1
	No any education	16	10.7	5	6.7	21	9.3
Farm size	1-5	114	76.5	29	100	143	80.3
	6-10	23	15.4	-	-	23	13
	11 and above	12	8.0	-	-	12	6.7
Mean farm size		**50**		**10**		**59**	
Herd size	1-25	49	76.6	7	9.3	56	40
	26-50	11	17.2	8	10.7	19	13.6
	51-100	3	4.7	42	56	45	32.1
	101-200	2	3.1	10	13.3	12	8.6
	201 and above	-	-	8	10.7	8	5.8
Mean herd size		**30**		**15**		**45**	

Fonte: inquérito no terreno 2015

4.2 Tipo, período e extensão da ocorrência de conflitos na área

Determinar os tipos de conflitos sobre recursos naturais numa zona e a sua extensão e período de ocorrência, bem como a taxa de envolvimento em conflitos por parte dos actores, é importante para uma gestão bem sucedida dos conflitos na zona.

4.2.1 Tipos de conflitos de utilização de recursos

Relativamente aos tipos de conflitos sobre os recursos naturais, os resultados do Quadro 4.2 revelaram que os conflitos entre antigos pastores eram os mais comuns na área de estudo, conforme indicado pela maioria (70,2%) dos inquiridos. Os conflitos entre os agricultores foram os segundos a seguir aos conflitos entre agricultores e pastores, tal como referido por 35,1% dos pastores e agricultores em conjunto. Os resultados também mostram que outras formas de conflitos, tais como os conflitos entre pastores e pastores (7,1%), entre pescadores e pastores (7,1%) e entre agricultores e pescadores (5,3%) eram raros na zona. A implicação é que o cultivo de culturas e a criação de animais são as principais ocupações das pessoas na zona, pelo que os conflitos entre agricultores e pastores são mais elevados do que os restantes. Isto justifica a conclusão de Umar (2013) de que o grau de conflito entre diferentes utilizadores de recursos varia de insignificante a extremamente tenso, mas o conflito entre pastores e agricultores, agricultores migrantes e autóctones, supera de longe todos os outros tipos de conflito de utilização de recursos em frequência e importância no emirado de Yauri. Além disso, muitos outros estudos (Blench e Dendo, 2005; Iliya et al., 2013 e IRIN, 2013) registaram o mesmo.

4.2.2 Período de ocorrência dos conflitos entre agricultores e pastores

De acordo com os resultados sobre o período de ocorrência dos conflitos entre agricultores e pastores, uma proporção considerável (41,3%) dos inquiridos indicou que os conflitos entre agricultores e pastores ocorrem principalmente durante o período de colheita. No entanto, 36,4% dos inquiridos referiram que os conflitos ocorrem sobretudo no início da época de cultivo. A implicação é que o período de colheita é normalmente caracterizado por diferentes actividades, tais como a queima deliberada de arbustos pelos agricultores, atrasos desnecessários na colheita e embalagem dos produtos agrícolas, bem como movimentos desenfreados dos pastores migrantes na área. Estas actividades podem facilmente levar ao início de conflitos entre os agricultores e os pastores. Umar (sem data) e Moritz (2012) relataram igualmente que os agricultores acusam os pastores semi-assentados e sedentários de convidarem os nómadas a juntarem os seus rebanhos para danificarem coletivamente as culturas e colheitas dos agricultores na época das colheitas, e que existe uma concorrência evidente entre pastores e agricultores pelo restolho pós-colheita. Os resultados revelaram ainda que, os conflitos entre agricultores e pastores foram menores durante a estação seca e o período de pico das estações de colheita. Isto porque, durante as estações secas, os agricultores libertam a maior parte das terras agrícolas, exceto as que estão sob irrigação, depois de completarem as suas actividades agrícolas. Além disso, a maioria dos pastores migra para sul, à procura de pastos mais verdes para o seu gado. Além disso, existem alimentos suficientes para o gado durante o período de pico da estação das chuvas, o que evita que os animais danifiquem as culturas.

4.2.3 Grau de ocorrência de conflitos entre agricultores e criadores de gado

O conflito entre agricultores e pastores ocorre sobretudo anualmente na área de estudo, conforme relatado pela maioria (59,6%) dos inquiridos, enquanto (32%) dos inquiridos eram da opinião de que o conflito ocorre raramente na área. Os resultados mostraram ainda que a maioria (77,3%) dos agricultores e (69,3%) dos pastores tinham estado envolvidos em conflitos entre agricultores e pastores na sua vida. A implicação é que os conflitos são muito comuns na zona, ocorrendo todos os anos, e as pessoas encaram-nos como parte da sua sobrevivência humana, embora isso seja preocupante. Este facto coincidiu com Murtala (2013), segundo o qual são particularmente preocupantes os confrontos entre agricultores e pastores (Fulani), especialmente nas zonas rurais onde os habitantes são predominantemente pequenos agricultores.

Tabela 4.2: Tipo, período e extensão das ocorrências de conflitos na área

	Farmers(150)		Herders(75)		Pooled(225)	
Attribute	**Freq**	**%**	**Freq**	**%**	**Freq**	**%**
***Type of conflicts**						
Farmer-herder conflict	101	67.3	57	76.0	158	70.2
Herder-fisher conflict	14	9.3	2	2.7	16	7.1
Farmer-fisher conflict	8	5.3	4	5.3	12	5.3
Farmer-forest guard	8	5.3	6	8.0	14	6.2
Farmer-farmer conflict	52	34.7	27	36.0	79	35.1
Herder-herder conflict	14	9.3	2	2.7	16	7.1
Involvement in farmer-herder conflict						
Involved	116	77.3	52	69.3	168	73.3
Not involved	34	22.7	23	30.7	57	26.7

Extent of occurrence of Farmer-Herder conflict						
Annually	95	63.3	39	52.0	134	59.6
Frequently	10	6.7	6	8.0	16	7.1
Rarely	45	30.0	27	36.0	72	32.0
Other	-	-	3	4.0	3	1.3
Period of occurrence of Farmer-Herder conflict						
Beginning of cropping season	57	38.0	25	33.3	82	36.4
Dry season	14	9.3	4	5.3	18	8.0
Peak of the cropping season	22	14.6	10	13.3	32	14.2
Harvesting period	57	38.0	36	48.0	93	41.3

*Multiple responses   Source: field survey 2015

4.3 Causas dos conflitos entre agricultores e criadores de gado

4.3.1 Destruição deliberada de culturas

Os resultados do Quadro 4.3 mostram que a maioria (74,7%) dos agricultores referiu que a destruição deliberada das culturas pelos animais dos pastores era a principal causa dos conflitos entre agricultores e pastores. Por outro lado, nem todos os pastores indicaram que a destruição deliberada das culturas pelos animais dos pastores era a causa do conflito entre agricultores e pastores na zona. Considerando o ponto de vista dos agricultores, isto implica que muitos dos pastores se mostraram relutantes em controlar os movimentos do seu gado durante as horas de pastagem, alguns deles atribuíram os seus filhos pequenos, enquanto outros até permitiram que os vitelos pastassem nos locais próximos depois de os seus pais terem sido levados para pastar, por vezes sem ninguém a tomar conta deles. Isto é semelhante a um relatório do Daily Trust (19th novembro, 2013) que, por vezes, os criadores de gado permitem deliberadamente que as suas vacas danifiquem as colheitas e, por vezes, permitem que os seus filhos pequenos conduzam as vacas. Estas crianças geralmente não são suficientemente cuidadosas; não têm sequer a capacidade de conduzir as vacas e impedi-las de causar danos às culturas. Braimah (2014) acrescentou que os pastores se tornaram uma grande ameaça para a segurança nacional devido à sua destruição descarada e deliberada das culturas, o que provocou crises evitáveis.

4.3.2 Atraso na colheita de produtos agrícolas

A maioria (82,7%) dos pastores era da opinião de que a principal causa dos conflitos entre agricultores e pastores na área de estudo era o resultado da relutância de alguns agricultores em colher e levar para casa os seus produtos agrícolas a tempo. Também 42% dos agricultores foram da mesma opinião. O atraso na colheita das culturas na área de estudo deve-se geralmente a alguns factores. Estes incluem a atitude dos agricultores e a natureza das culturas cultivadas. Alguns agricultores atrasam habitualmente a colheita das suas culturas e o transporte das colheitas para casa. Além disso, alguns dos agricultores, mesmo depois de

Ao transportarem as suas colheitas para casa, recolhem os resíduos das culturas em diferentes locais da exploração agrícola e cobrem-nos com alguns arbustos espinhosos durante algum tempo. A implicação é que as acções destes agricultores geralmente atraem a atenção dos animais de pasto para as suas terras agrícolas e, portanto, podem levar ao conflito entre os dois grupos.

4.2.4 Incursões nas reservas de pastagem

Os resultados revelaram ainda que 57,3% e 42% dos pastores e agricultores, respetivamente, eram da opinião de que a invasão das reservas de pastagem pelos agricultores era a causa dos conflitos entre agricultores e pastores na área. Isto implica que alguns agricultores cultivam culturas em terras de pastagem e este ato reduz o tamanho das áreas de pastagem disponíveis para o gado. Isto está em conformidade com Mukhtar et al., (2009) que afirmam que o sistema de pastoreio no Estado de Borno tem muitos constrangimentos, mas os mais importantes são a falta de água para o gado, a falta de áreas de pastagem suficientes/graves invasões, a insegurança e, por último, serviços veterinários inadequados. Iro (sem data) também observou que o desaparecimento das áreas de pastagem natural sob a enxada, a vedação dos pátios e o bloqueio das rotas do gado estão a causar mais conflitos entre os agricultores e os pastores.

4.2.5 Queima indiscriminada de arbustos

Os resultados do Quadro 4.3 também mostram que 40% dos agricultores e 36% dos pastores indicaram que a queima indiscriminada de arbustos era a principal causa do conflito entre os agricultores e os pastores na área de estudo. O facto é que, imediatamente após a estação das chuvas, algumas pessoas (principalmente agricultores e caçadores) ateiam fogo ao mato indiscriminadamente.

Juntamente com o vento forte, o fogo causa geralmente danos graves na área afetada, que podem incluir a perda de animais e a destruição de árvores económicas. Por vezes, o fogo alastra para as aldeias, o que, por sua vez, leva a conflitos não só entre agricultores e pastores, mas também entre outros grupos, como caçadores e guardas florestais.

De acordo com Musa (2013), em algumas partes de Estados como Adamawa, Gombe, Taraba, Yobe e Borno, os agricultores incendeiam o mato imediatamente após a colheita das suas culturas, de modo a desencorajar os pastores de pastar o seu gado nos territórios. Science in Africa (2003) e Ofouku e Isife (2009) discordaram desta posição, atribuindo a culpa aos pastores. Afirmaram que, durante a estação seca, as ervas e as forragens secam e os nómadas acreditavam que, se a vegetação seca fosse queimada, as pastagens frescas regeneravam-se. No processo de queima dos pastores, o fogo espalha-se pelas explorações agrícolas adjacentes e, por conseguinte, causa conflitos entre os agricultores afectados e os pastores, uma vez que as culturas nos campos são destruídas pelo fogo que se espalha. O processo também parece soltar o solo seco e torná-lo mais suscetível à erosão.

Tabela 4.3: Causas dos conflitos entre agricultores e criadores de gado

Attributes	Farmers (150)		Herders (75)		Pooled (225)	
Causes	*Freq	%	Freq	%	Freq	%
Unintended damage of crop	105	70.0	56	74 7	161	71.6
Deliberate destruction of crops	112	74.7	-	-	112	49.8
Blocking of cattle corridor	45	28.7	29	38.7	72	32.0
Blocking of grazing areas	63	42.0	43	57.3	1006	47.1
Blocking road to watering point	32	21.3	28	37.3	60	26.7
Dry season water source	46	42.7	18	24.0	82	36.4
Indiscriminate bush burning	60	40 00	27	36.0	87	38.7
Trimming of trees by herders	54	36.0	29	38.7	83	36.9
Trimming of trees by farmers	38	25.3	12	16.0	50	22.2
Cattle rustling/stealing	45	30.0	13	17.3	58	25.8
Delay in harvesting of farm produces	63	42.0	62	28.7	125	55.6

*Multiple responses   Source: field survey 2015

4.4   Efeitos do conflito entre agricultores e pastores

4.4.1   Destruição de culturas/produtos agrícolas

O resultado do quadro 4.4 revelou que a maioria dos agricultores (66%) e dos pastores (76%) era da opinião de que a destruição dos produtos agrícolas era o principal efeito dos conflitos entre agricultores e pastores na área de estudo. A implicação é que sempre que ocorre um conflito entre agricultores e pastores, os pastores provocados concentram-se sobretudo na destruição das colheitas, quer nos campos quer nos armazéns. Isto também foi justificado por Ofuoku e Isife (2009), segundo os quais o efeito frequente dos conflitos entre agricultores e pastores no Estado do Delta era a destruição das colheitas, tendo os agricultores perdido parte ou a totalidade das suas colheitas. Acrescentaram ainda que, na região Sul-Sul da Nigéria, especialmente nos Estados do Delta e de Edo, se perdem anualmente mais de 40 milhões de nairas de colheitas devido à invasão de gado. Ahmadu (2011) também afirmou que, na parte nigeriana da bacia do Lago Chade, a violência tornou-se comum e generalizada entre os pastores recém-chegados e os agricultores que os acolheram, levando a vários assassinatos e à destruição de colheitas e ataques de gado, entre os efeitos dos conflitos.

4.4.2   Perda de vidas humanas e animais

Sempre que ocorria um conflito entre os agricultores e os pastores, os alvos de cada grupo eram sempre as vidas e as propriedades do oponente, o que muitas vezes ceifava muitas vidas, tanto de humanos como de animais, nas áreas afectadas. Os resultados da Tabela 4.6 mostram que 66,7% dos pastores e 62% dos agricultores eram da opinião de que a perda de vidas de animais era o principal efeito dos conflitos entre agricultores e pastores na área. Também 49,8% dos inquiridos referiram que a perda de vidas humanas era o efeito preocupante do conflito entre agricultores e pastores na área de estudo. Esta posição é corroborada por muitos estudos. Por exemplo, o Relatório do Governo Local de Damboa (2002) indicou que, só entre 2001 e 2002, mais de 30 pessoas foram mortas, 8 pessoas ficaram feridas e 34 cabeças de gado foram mortas nas aldeias de Alimiri, Koshifa e Koyeri, na Área do Governo Local de Damboa, no Estado de Borno. Também na área governamental local de Demsa, no estado de Adamawa, 28 pessoas foram mortas, cerca de 2.500 agricultores foram deslocados e ficaram sem casa devido à hostilidade entre criadores de gado e agricultores nas comunidades de acolhimento em 2005 (Ofem e Bassey, 2014). O Sunday Trust de 9th de junho de 2013 também noticiou que alguns dos agricultores que lidam com o assunto (conflito entre agricultores e pastores), com o poder das armas, matam o gado ou o proprietário. Num desenvolvimento relacionado, foram relatadas rivalidades sangrentas nos últimos tempos em muitos outros países, incluindo o Mali, a Etiópia, o Quénia, etc. (Msuya, 2013).

4.4.3 Migração forçada

Uma das consequências mais comuns dos conflitos entre agricultores e pastores na maioria dos ambientes agro-pastoris é a deslocação/deslocação de um ou de ambos os agricultores e pastores da área em questão. O Estado de Borno não é excecional, uma vez que 36% e 37,3% dos agricultores e pastores, respetivamente, são de opinião que as migrações forçadas de agricultores e pastores são as principais consequências dos conflitos entre agricultores e pastores na zona de estudo. A deslocação dos pastores foi mais comum devido à sua natureza nómada, pelo que podem facilmente fugir de um local, especialmente quando desencadeiam um conflito com os agricultores. Por vezes, atacam a aldeia de um agricultor e mudam-se para outro local antes da manhã seguinte. Nalguns casos, são forçados a mudar-se, quer pelas autoridades, quer pelos próprios agricultores. Por exemplo, a IRIN (2013) informou que as tensões relacionadas com as disputas entre pastores e agricultores têm vindo a aumentar nos últimos meses em vários estados nigerianos. As autoridades locais expulsaram 700 pastores do Estado de Borno, no nordeste, em maio de 2009, e cerca de 2.000 de Plateau em abril, de acordo com as autoridades locais. De igual modo, muitos agricultores foram obrigados a emigrar para se libertarem dos ataques mortíferos dos pastores.

Tabela 4.4: Efeitos dos conflitos entre agricultores e criadores de gado

Attributes	Farmers (150)		Herders (75)		Pooled (225)	
Effects	*Freq	%	Freq	%	Freq	%
Loss of human lives	75	50.0	37	49.3	112	49.8
Loss of livestock	93	62.0	50	66.7	143	63.6
Forced migration	54	36.0	28	37.3	82	36.4
Destruction of farm produce	99	66.0	57	76.0	156	69.3
Destruction of houses	12	8.0	9	12.0	21	9.3
Destruction of public buildings	6	4.0	2	2.7	8	3.6
Destruction of vehicles, m/cycles etc	14	9.3	5	6.7	19	8.4
Leads to hunger	43	28.7	17	22.7	60	26.7
Other	6	4.0	-	-	6	2.7

*Multiple responses   Source: field survey 2015

4.5   Instituições envolvidas nos conflitos entre agricultores e pastores

4.5.1   Instituições tradicionais

Os resultados na Tabela 4.5 mostram que (89,3%) dos inquiridos eram da opinião que, as estratégias mais preferidas para gerir conflitos entre agricultores e pastores na área de estudo eram as instituições tradicionais. Isto implica que as pessoas têm confiança no desempenho das autoridades tradicionais na área. Esta posição coincide com a constatação de Nweke (2012) de que a essência dessas instituições é preservar os costumes e as tradições do povo e gerir os conflitos que surgem entre os membros da comunidade através da instrumentalidade das leis e dos costumes do povo. Desempenham, sem dúvida, o papel mais importante tanto na gestão informal dos conflitos como na organização de reuniões de pacificação quando as coisas ficam fora de controlo.

4.5.2   Tribunais de Justiça

A procura de tribunais de justiça e de apoio jurídico é elevada na Nigéria, sobretudo nas zonas rurais, onde os tribunais de magistratura, de área e consuetudinários são reduzidos, mas é necessária para proteger os direitos dos grupos afectados pelo conflito e para levar a tribunal os autores das violações (UNODC, 2011). Cerca de metade (52%) dos inquiridos consideraram que os tribunais de justiça são os seus preferidos sempre que ocorre um conflito entre eles. As acções destas instituições formais (tribunais)

são apoiados pela lei e envolvem procedimentos oficiais. Mas a sua reputação tem-se desgastado com o tempo, devido à insatisfação frequente dos litigantes em relação às suas resoluções. Do mesmo modo, Blench e Dendo (2005) referiram que as estruturas oficiais, como os tribunais, têm geralmente má reputação junto das comunidades rurais e são consideradas como um último recurso.

4.5.3   Polícia

A polícia foi a terceira opção, tanto para os agricultores como para os pastores, com 28,7% e 34,7%, respetivamente. A implicação é que a maior parte dos aldeões, incluindo os agricultores e pastores, não denunciam voluntariamente os seus casos à polícia. Isto porque o desejo de manter relações é o principal fator que informa os agricultores e pastores da preferência pela autoridade informal. Para alguns dos aldeões, levar os casos de disputa à autoridade formal, como a polícia/tribunais de justiça, pode piorar a relação entre os disputantes (Adebayo e Olanuyi, 2005). Contudo, de acordo com esta constatação, os agricultores mostraram-se relutantes em levar os casos à polícia, porque não podem angariar dinheiro rapidamente, em comparação com os pastores. Isto coincidiu com a posição de Blench e Dendo (2005), segundo a qual o resultado é geralmente insatisfatório, uma vez que os agricultores que apresentam queixa à polícia têm de efetuar eles próprios os pagamentos para garantir que a polícia actua e, frequentemente, não recebem qualquer compensação pelos danos causados às suas explorações.

4.5.4   Funcionários da administração local

Os Conselhos Governamentais Locais no Estado de Borno criam frequentemente comités para resolver conflitos que possam surgir nas suas jurisdições. Alguns (20,7%) dos agricultores e 16% dos pastores eram da opinião de que deviam comunicar os seus casos de conflito aos funcionários dos GL.

No entanto, os funcionários locais e governamentais entram por vezes em conflito com os chefes tradicionais sobre quem detém o poder numa região. Assim, os funcionários preferem supervisionar os comités de restabelecimento da paz e estar no controlo, naquilo que consideram ser o seu papel constitucional. Consequentemente, por vezes, prejudicam os governantes locais (Blench e Dendo, 2005).

4.5.5   Agentes de extensão agrícola

Um serviço de extensão eficaz pode ser considerado como o elo de ligação entre os institutos de investigação agrícola e o agricultor praticante. Os agricultores e os pastores vêem sempre os extensionistas como os seus "olhos" e respeitam maioritariamente as suas decisões (Gefu e Kolawale, 2002). Os extensionistas são frequentemente chamados a intervir em caso de conflito entre agricultores e pastores nas zonas rurais. Proporções de 22% e 12% dos agricultores e pastores, respetivamente, indicaram que os agentes de extensão eram as pessoas mais envolvidas na arbitragem de conflitos entre agricultores e pastores na área de estudo. As conclusões de Ibrahim et al (2014) referem que os resultados da distribuição dos agricultores pelo método preferido de transferência da técnica de resolução de conflitos pelos agentes de extensão revelam que a maioria (82,5%) dos inquiridos prefere o método presencial com os agentes de extensão para aprender a resolução de conflitos no estado de Adamawa.

Tabela 4.5: Instituições envolvidas na gestão dos conflitos entre agricultores e criadores de gado

Institution	Farmers (150)		Herders (75)		Pooled (225)	
	*Freq	%	Freq	%	Freq	%
Traditional Institutions	134	82.7	67	89.6	201	89.3
Legal Courts of Law	84	56.0	34	45.3	118	52.4
Police	43	28.7	26	34.7	69	30.7
Local Government Officials	31	20.7	12	16.0	43	19.1
Extension Agents	33	22.0	9	12.0	42	18.7
Non-governmental Organizations	17	11.3	6	8.0	23	102
State Government Officials	8	5.3	7	9.3	15	6.7
Army	10	6.7	3	4.0	13	5.8

*Multiple responses   Source: field survey 2015

4.6 Mecanismos de instituições tradicionais para a arbitragem de conflitos entre agricultores e criadores de gado

A análise da perceção dos agricultores e pastores sobre a eficácia das várias instituições tradicionais envolvidas na gestão de conflitos entre agricultores e pastores é discutida a seguir.

4.6.1 Instituições políticas tradicionais (chefes de distrito, chefes de aldeia e chefes de bairro)

Os Quadros 4.6 e 4.7 mostram que as instituições políticas tradicionais sob o controlo dos Chefes de Distrito, Chefes de Aldeia e Chefes de Bairro foram consideradas mais eficazes pela maioria (98,6%) e (96%) dos agricultores e pastores, respetivamente. A implicação é que os governantes tradicionais têm um sistema profundamente enraizado de arbitragem de conflitos, de acordo com os costumes e tradições das suas respectivas chefias, e concedem o respeito dos seus súbditos na maioria dos casos. Umar (2004) relatou um ponto de vista semelhante, segundo o qual, entre as instituições envolvidas na gestão de conflitos entre agricultores e pastores no Estado de Zamfara, os agricultores sentiam-se mais à vontade para confiar a gestão de conflitos aos chefes tradicionais.

4.6.2 Religiosos e anciãos da comunidade/aldeia

Os líderes religiosos, tais como os imãs e os *Ulamas* (professores do Alcorão), são muitas vezes chamados a resolver os litígios unilateralmente ou em conjunto com os outros actores, em frente do palácio da aldeia/bairro. Os anciãos da aldeia ou da comunidade desempenham papéis semelhantes aos dos líderes religiosos no que respeita às questões relacionadas com a resolução de conflitos entre agricultores e pastores. Os líderes religiosos e os anciãos da aldeia foram considerados eficazes por 66% e 66,7% dos agricultores e 96% e 76% dos pastores, respetivamente. Kariuki (2015) referiu que existe um conselho de anciãos na maioria das aldeias africanas para aconselhar os decisores ou participar nos processos de tomada de decisões. Devido ao respeito, ao receio e à reverência que os anciãos exercem na sociedade, desempenham um papel crucial na procura da verdade.

4.6.3 Associações pastorais

A Nigéria tem um inventário restrito de povos pastoris, os Fulbe, os grupos relacionados com Kanuri, os Shuwa, os Yedina e os Uled Suleiman (Blench e Dendo, 2003). Foram criadas associações pastoris para proteger os interesses dos seus membros. A mais conhecida é a Miyetti Allah Cattle Breeders Association of Nigeria, uma associação Fulani que tem filiais em quase todos os estados. Uma organização semelhante, a Al- Haya Development Association, representa os povos Shuwa e Koyam (IUCN, 2011). Os resultados revelaram que (67,4%) e (94,7%) dos agricultores e pastores, respetivamente, consideraram que estas associações são eficazes na gestão dos conflitos entre agricultores e pastores.

Em média, 51,4% dos agricultores e 61,1% dos pastores consideram que as instituições tradicionais têm sido eficazes na gestão dos conflitos entre agricultores e pastores. Isto implica que a maioria dos inquiridos está satisfeita com o desempenho das instituições tradicionais em geral. No entanto, os pastores estavam mais satisfeitos com o desempenho das instituições tradicionais na arbitragem dos conflitos entre agricultores e pastores, considerando as percentagens médias. Isto deve-se provavelmente ao facto de, como Haman (2012) afirma com razão, os pastores tentarem sempre evitar processos judiciais prolongados porque, devido à ignorância, são facilmente vítimas de uma maior exploração por parte das autoridades responsáveis. É ainda pior para os pastores nómadas que têm pouco tempo para passar num determinado local para resolver conflitos. Por isso, os pastores nómadas preferem resolver os conflitos à pressa ou fugir da zona.

Tabela 4.6: Eficácia das várias instituições tradicionais segundo a perceção dos agricultores (n=150)

Traditional Institution	Effective (3)	Less Effective (2)	Not Effective (1)
District heads, village heads & ward heads)	148 (98.6)	2 (1.3)	-
Community Development Committees	41 (27.4)	40 (26.7)	69 (46.0)
Local Farmers' Associations	73 (48.7)	36 (24.0)	41 (27.4)
Herders' Associations	101 (67.4)	24 (16.0)	25 (16.7)
Village elders	100 (66.7)	20 (13.3)	30 (20)
Local Government	60 (40.0)	61 (40.7)	29 (19.4)
State Government	39 (26.0)	30 (20.0)	81 (44.0)
Non-governmental Organization (NGOs)	39 (26.0)	26 (17.3)	85 (57.0)
Religious leaders	99 (66.0)	17 (11.3)	34 (66.0)
Average Percentage	**(51.4)**	**(20.7)**	**(51.4)**

Fonte: inquérito no terreno 2015

Tabela 4.7: Eficácia das várias instituições tradicionais segundo a perceção dos pastores (n=75)

Traditional Institution	Effective (3)	Less Effective (2)	Not Effective (1)
District heads, village heads & ward heads)	72 (96.0)	2 (2.7)	1 (1.3)
Community Development Committees	50(66.0)	14 (18.7)	11 (14.7)
Local Farmers' Associations	42 (56.0)	24 (32.0)	9 (12.0)
Herders' Associations	71 (94.7)	3 (4.0)	1 (1.3)
Village elders	57 (76.0)	14 (18.7)	4 (5.3)
Local Government	20 (26.7)	31 (41.3)	24 (32.0)
State Government	23 (30.7)	29 (38.7)	23 (30.7)
Non-governmental Organization (NGOs)	16 (21.4)	16 (12.3)	43 (57.3)
Religious leaders	72 (96.0)	2 (2.7)	1 (1.3)
Average Percentage	**(61.1)**	**(18.5)**	**(20.4)**

Fonte: inquérito no terreno 2015

4.7 Estratégias utilizadas pelas Instituições Tradicionais na Arbitragem de Conflitos entre Agricultores e Pastores

Na resolução de conflitos entre agricultores e pastores, as instituições tradicionais utilizam uma série de estratégias para gerir os conflitos nas suas várias comunidades. Estas incluem a indemnização, a mediação, o uso de piadas e a estratégia espiritual/religiosa.

4.7.1 Compensação

A indemnização refere-se a um montante em dinheiro ou não monetário pago pelo causador por uma perda, dano ou prejuízo de alguém. Os agricultores recebem uma indemnização dos pastores pelos danos causados às suas culturas. Nalguns casos, os pastores cobram aos agricultores em caso de abate do gado dos pastores com a intervenção das autoridades, embora esta última situação seja rara. Os resultados da Tabela 4.8 mostram que os agricultores classificaram a resolução de conflitos através do pagamento de indemnizações em primeiro lugar, enquanto os pastores (Tabela 4.9) a classificaram em segundo lugar. Na sessão de discussão, os pastores lamentaram a atitude de alguns agricultores de que, quando o gado dos pastores danifica as suas culturas, eles exageram muito a extensão dos danos e comunicam o facto às autoridades. Depois disso, o pastor é convidado ou, por vezes, forçado a pagar a totalidade da indemnização exigida pelo agricultor. Haman (2012) também afirmou que, quando ocorrem danos, os aldeões deslocam-se para os campos nómadas em grupos para ameaçar os nómadas e obter uma indemnização. Por vezes, se não forem feitas indemnizações, os aldeões tomam o gado dos nómadas como refém, que só é libertado após intervenção das autoridades locais. Explicou ainda que alguns agricultores, que detestam a presença dos pastores, chegam mesmo a criar fazendas armadilhadas como estratégia para obterem indemnizações mais elevadas em caso de destruição das culturas pelo gado. No entanto, o pagamento de indemnizações ajuda muito na resolução de conflitos em muitas comunidades. Isto coincide com a posição de Ofouku e Isife (2009), segundo a qual os conflitos foram resolvidos através do pagamento de uma indemnização à parte ofendida em cada caso.

4.7.2 Mediação

A mediação é um método alternativo de resolução de litígios (ADR) em que um terceiro neutro e imparcial, o mediador, facilita o diálogo num processo estruturado em várias fases para ajudar as partes a chegarem a um acordo conclusivo e mutuamente satisfatório. Trata-se de *um* instrumento "pacífico" de resolução de litígios que complementa o sistema judicial existente e a prática da arbitragem (Marigetto et al., 2004). Os pastores e os agricultores classificaram o método de mediação de resolução de conflitos entre agricultores e pastores em primeiro e segundo lugar, respetivamente (Tabelas 4.8 e 4.9). A abordagem de mediação, de acordo com os informadores chave tanto dos agricultores como dos pastores, envolve um vasto leque de partes interessadas na resolução de conflitos em discussões. E dá-lhes (aos litigantes) liberdade para exprimirem os seus próprios interesses e necessidades através de um diálogo aberto num ambiente menos contraditório do que uma sala de tribunal. A decisão tomada durante a mediação é definitiva na comunidade, exceto quando a parte insatisfeita procura outra alternativa, como os tribunais ou a polícia.

4.7.3   Piadas

O recurso a anedotas entre um pastor Fulani ou Shuwa-Arab e um agricultor sedentário Kanuri durante um processo de resolução de conflitos entre eles produz geralmente resultados positivos, uma vez que foi classificado como 2nd e 4th pelos grupos de pastores e agricultores, respetivamente. A resolução de conflitos por meio de brincadeiras ocorre em qualquer fase. Por vezes, na exploração agrícola, no palácio do chefe de aldeia/chefe de aldeia, nos mercados da aldeia, etc. Por exemplo, se o gado de um pastor danificar as colheitas de um agricultor na quinta e se o pastor pedir imediatamente perdão pelo erro, com a intervenção dos agricultores vizinhos, o assunto transforma-se em piadas e o conflito é resolvido facilmente, mesmo sem pagar qualquer indemnização.

4.7.4   Estratégia espiritual/religiosa

A abordagem espiritual (religiosa) foi classificada em terceiro e quarto lugar pelos agricultores e pastores, respetivamente. Os líderes religiosos e os anciãos da aldeia/comunidade são os principais responsáveis por esta abordagem. Os árbitros convidam as partes em conflito e discutem com elas a importância da coexistência harmoniosa entre as pessoas, pregando-lhes os valores do perdão e da bênção. Este tipo de resolução também é possível sem qualquer indemnização. Isto coincide com a posição de Dotchkele (2012), segundo a qual os meios espirituais de resolução de conflitos são mais eficazes do que muitas outras abordagens nas comunidades africanas típicas. A arbitragem de conflitos através da cenoura e do pau (oferecendo uma combinação de recompensas e castigos), a ação coerciva (uso da força) e a prestação de juramento (com livros sagrados ou com outros objectos) foram classificadas em quinto, sexto e sétimo lugar pelos agricultores, respetivamente. Os pastores também os classificaram de acordo com a sua escolha (ver Tabela 4.9).

Tabela 4.8: Classificação por pares das estratégias usadas pelas instituições tradicionais pelos agricultores

Strategies used by the Traditional Institutions								Scores	Ranking
	MD	CM	CS	CV	JK	SP	OT		
Mediation	×××	CM	MD	MD	MD	MD	MD	5	2
Compensation		×××	CM	CM	CM	CM	CM	6	1
Carrot & Stick			×××	CS	JK	SP	CS	2	5
Coercive				×××	JK	SP	CV	1	6
Jokes					×××	JK	JK	4	3
Spiritual						×××	SP	3	4
Oath taking							×××	0	7

Nota: MD=mediação, CM=compensação, CS=cenoura e pau, CV=coercivo, JK=brincadeiras, SP=espiritual e OT=juramento

Tabela 4.9: Classificação por pares das estratégias utilizadas pelas instituições tradicionais dos pastores

Strategies used by the Traditional Institutions									Scores	Ranking
	MD	CM	CS	CV	JK	SP	CU	OT		
Mediation	×××	MD	MD	MD	MD	MD	MD	MD	7	1
Compensation		×××	CM	CM	JK	CM	CM	CM	5	2
Carrot & Stick			×××	CS	JK	SP	CS	CS	3	4
Coercive				×××	JK	SP	CU	OT	0	6
Jokes					×××	JK	CU	JK	5	2
Spiritual						×××	CU	SP	3	4
Cursing							×××	CU	4	3
Oath taking								×××	1	5

Nota: MD=mediação, CM=compensação, CS=cenoura e pau, CV=coercivo, JK=brincadeiras, SP=espiritual, CU=maldição e OT=juramento

4.8   Perceção dos agricultores sobre a eficácia das instituições tradicionais na gestão dos conflitos entre agricultores e criadores de gado

Os resultados do Quadro 4.10 mostram que, em média, a maioria (68,9%) dos agricultores considera eficaz o desempenho das instituições tradicionais na arbitragem de conflitos entre agricultores e pastores. Isto indica que a maioria dos agricultores deu respostas satisfatórias. Especificamente, foram-lhes apresentadas sete afirmações de perceção positiva, das quais a natureza rápida e menos dispendiosa da arbitragem tradicional (72,6%) foi considerada como a razão mais importante para aceitar a arbitragem tradicional de conflitos. Os resultados mostraram ainda que a capacidade dos árbitros tradicionais para reconciliar e reintegrar as partes em conflito na comunidade foi a segunda afirmação mais aceite pelos agricultores. Outras afirmações, como a transparência das resoluções tradicionais de conflitos (70,7%), a resolução dos casos de conflito entre agricultores e pastores ao nível tradicional (70,0%) e a organização de reuniões anuais com os agricultores e pastores para a prevenção dos conflitos entre agricultores e pastores na localidade (68,7%), mostraram a aceitabilidade da arbitragem tradicional de conflitos. Os resultados indicaram que a maioria (80%) dos agricultores era da opinião de que as instituições tradicionais eram adequadas para lidar com casos menores de conflitos, 62,7% dos inquiridos acusaram os árbitros tradicionais de favorecerem um dos lados nas suas resoluções, outros (58%) lamentaram que os árbitros tradicionais recebessem subornos dos infractores (Quadro 4.11). Isto coincide com as conclusões de Umar (2013), segundo as quais, nalgumas zonas, os pastores ganham sempre os casos porque são mais ricos do que os agricultores e podem pagar mais. Noutros locais, os julgamentos eram sempre a favor dos agricultores. No entanto, em média, 47,9% dos pastores ainda estavam satisfeitos com o desempenho das instituições tradicionais na resolução de conflitos entre agricultores e pastores na área de estudo.

Tabela 4.10: Perceção dos Agricultores sobre a Eficácia das Instituições Tradicionais com Declarações Positivas (n=150)

Statement	Agree 3	Undecided 2	Disagree 1
Traditional rulers' arbitration is quicker and less expensive	109(72.6)*	16(10.7)	225(16.6)
Traditional conflict resolution is more transparent	106(70.7)	10(6.7)	34(22.7)
Win – win result is attainable through traditional arbitrations	99(66.0)	22(14.7)	29(19.3)
Cases of farmers and herders conflicts are mostly terminated at the level of traditional rulers	105(70.0)	18(12.0)	45(30)
Traditional approach mostly restores peace after the resolution	105(70.0)	19(12.7)	26(17.4)
Traditional rulers reconcile and reintegrate both parties in conflict	109(72.0)	15(10.0)	26(17.3)
Traditional rulers organize annual meetings with farmers and herders on prevention of conflict in the locality	103(68.7)	10(6.7)	27(24.7)
Average Percentages	**(68.9)**	**(5.3)**	**(25.9)**

*Os valores entre parênteses correspondem à percentagem da perceção dos inquiridos

Quadro 4.11: Perceção dos agricultores sobre a eficácia das instituições tradicionais com base em afirmações negativas (n=150)

Statement	Agree 3	Undecided 2	Disagree 1
Traditional rulers usually favour one party in their resolution	94(62.7)*	5(3.3)	51(34.0)
Traditional rulers collect bribe from one party in conflict or both	87(58.0)	7(4.7)	56(37.4)
Traditional rulers handle minor conflicts only	120(80.0)	7(4.7)	23(15.3)
Cases on farmer-herder conflicts are not willingly reported to the traditional rulers in your locality	3(2.0)	56(37.3)	91(60.7)
The outcome of traditional arbitration is mostly not accepted by both parties in conflict	25(16.6)	11(7.3)	114(76.0)
Traditional conflict arbitration cannot ensure long-term solutions to the farmers and herders relationship	5(3.3)	51(34.0)	94(62.7)
Average Percentage	**(37.3)**	**(14.8)**	**(47.9)**

*Os valores entre parênteses correspondem à percentagem da perceção dos inquiridos

4.9 A perceção dos pastores sobre a eficácia das instituições tradicionais na gestão dos conflitos entre agricultores e pastores

Um conjunto semelhante de sete afirmações de perceção positiva sobre os desempenhos das instituições tradicionais foi emitido para os inquiridos dos pastores e os seus resultados estão contidos na Tabela 4.11. Os resultados mostram que as percentagens médias foram de 65,4, 12,4 e 29,3 por cento para Concordo, Indeciso e Discordo, respetivamente. De entre as afirmações, a capacidade dos árbitros tradicionais para restaurar a paz após as suas resoluções (76%) foi a primeira razão para os pastores classificarem o desempenho das instituições tradicionais como eficaz. A segunda razão foi a natureza rápida e menos dispendiosa das arbitragens tradicionais (74,7%). A terceira foi a obtenção de resultados vantajosos para todos através da abordagem tradicional (60%). A frequência mais elevada da perceção positiva dos dois grupos (agricultores e pastores) sobre as arbitragens tradicionais indica que os agricultores e pastores estavam optimistas quanto ao papel desempenhado pelas instituições tradicionais, em particular quanto à sua capacidade de resolver os conflitos entre agricultores e pastores em tempo útil e com menos despesas, de restabelecer a paz após a sua resolução, de reintegrar as partes em conflito na comunidade e de realizar reuniões anuais com os agricultores e pastores da localidade. Isto justifica que o desempenho das instituições tradicionais tenha sido considerado eficaz pelos inquiridos de ambos os grupos.

Tabela 4.12: Perceção dos pastores sobre a eficácia das instituições tradicionais com afirmações positivas (n=75)

Statement	Agree 3	Undecided 2	Disagree 1
Traditional rulers' arbitration is quicker and less expensive	56(74.7)*	4(5.3)	15(20.0)
Traditional conflict resolution is more transparent	43(57.3)	9(12.0)	23(30.6)
Win – win result is attainable through traditional method	55(60.0)	17(22.7)	13(17.3)
Cases of farmers and herders conflicts are mostly terminated at the level of traditional rulers	48(64.0)	3(4.0)	24(32.0)
Traditional approach mostly restores peace after the resolution	57(76.0)	8(10.7)	10(13.3)
Traditional rulers reconcile and reintegrate both parties in conflict	44(58.7)	21(28.0)	10(13.3)
Traditional rulers organize annual meetings with farmers and herders on prevention of conflict in the locality	50(66.7)	3(4.0)	22(29.3)
Average Percentage	**(65.4)**	**(12.4)**	**(29.3)**

Os números entre parênteses correspondem à percentagem da perceção dos inquiridos

Tabela 4.13: Perceção dos pastores sobre a eficácia das instituições tradicionais com afirmações positivas (n=75)

Statement	Agree 3	Undecided 2	Disagree 1
Traditional rulers usually favour one party in their resolution	51(67.7)*	6(8.0)	28(24.0)
Traditional rulers collect bribe from one party in conflict or both	43(57.3)	8(10.7)	24(32.0)
Traditional rulers handle minor conflicts only	49(65.4)	5(6.7)	21(28.0)
Cases on farmer-herder conflicts are not willingly reported to the traditional rulers in your locality	8(10.7)	2(2.7)	65(96.7)
The outcome of traditional arbitration is mostly not accepted by both parties in conflict	18(24.0)	3(4.0)	54(72.0)
Traditional conflict arbitration cannot ensure long-term solutions to the farmers and herders relationship	25(33.3)	3(4.0)	47(62.7)
Average Percentage	**(42.4)**	**(5.9)**	**(51.7)**

Os valores entre parênteses correspondem à percentagem da perceção dos inquiridos

4.10 Factores que afectam o envolvimento em conflitos entre agricultores e criadores de gado

O estudo examinou a relação entre os factores socioeconómicos e o envolvimento em conflitos entre agricultores e pastores. Esta relação foi determinada utilizando o modelo de regressão logística. As variáveis socioeconómicas (experiência agrícola, idade, rendimento, dimensão da família, nível de educação, dimensão da exploração e dimensão do rebanho) foram utilizadas como variáveis independentes, enquanto o envolvimento em conflitos foi utilizado como variável dependente para a análise.

4.11 Teste de hipóteses

A análise da relação entre as características socioeconómicas dos agricultores e pastores e o seu envolvimento em conflitos entre agricultores e pastores revelou que o nível de educação tinha um coeficiente negativo e não era significativo, a dimensão da família e a dimensão do rebanho tinham um coeficiente positivo e não era significativo. O rendimento e a dimensão da exploração eram significativos mas tinham um coeficiente negativo, enquanto a experiência agrícola e a idade tinham coeficientes significativos e positivos (Quadro 4.14). Um sinal positivo num parâmetro indica que valores mais elevados da variável tendem a aumentar o nível de envolvimento em conflitos entre agricultores e pastores na zona de estudo. Do mesmo modo, um valor negativo do coeficiente implica que valores mais elevados da variável reduziriam o nível de envolvimento dos inquiridos nos conflitos entre agricultores e pastores.

Por conseguinte, as variáveis experiência agrícola, idade, rendimento do agricultor e dimensão da exploração são os factores que influenciam o envolvimento dos agricultores e dos pastores em conflitos na área de estudo. A experiência agrícola e a idade tiveram um coeficiente positivo e foram significativas a 5% e 1%, respetivamente. O coeficiente positivo da experiência agrícola e da idade no quadro implica que um aumento dos anos de atividade agrícola/ pastoril aumenta a probabilidade de envolvimento do agricultor/ pastor nos conflitos na zona de estudo. Do mesmo modo, um aumento da idade (anos) de um agricultor/coordenador aumenta a sua tendência para se envolver nos conflitos. Isto não está de acordo com as conclusões de Adisa (2011), segundo as quais os jovens pastores são mais vulneráveis do que os mais velhos a influenciar os conflitos sobre o acesso às pastagens. Enquanto o rendimento e a dimensão da exploração agrícola dos agricultores tiveram coeficientes negativos e foram significativos a 5% e 1%, respetivamente. Considerando a dimensão da exploração, isso implica que um aumento de cada hectare de terra de um agricultor reduz o nível de envolvimento desse agricultor em conflitos.

As variáveis de tamanho da família, educação e tamanho do rebanho não tiveram influência direta no envolvimento dos agricultores e pastores em conflitos. O valor P = 0,000 no quadro indica que existe uma relação significativa entre as características socioeconómicas dos agricultores e dos pastores e o seu nível de envolvimento nos conflitos entre agricultores e pastores na área de estudo. Por conseguinte, rejeita-se a hipótese nula (H0) que diz que "não existe uma relação significativa entre as características socioeconómicas dos agricultores e dos pastores e o nível de envolvimento nos conflitos entre agricultores e pastores na zona de estudo".

Quadro 4.14: Relação entre as características socioeconómicas dos agricultores e pastores e o seu envolvimento em conflitos entre agricultores e pastores

Variables	Coefficient	Std. Error	Z	P-value	Remarks
Constant	-3.45223	2.11965	-1.63	0.103	NS
Farming					
Experience (X1)	2.02226	1.00447	2.01	0.044	**
Age(X2)	0.0779254	0.0284609	2.74	0.006	***
Income (X3)	-0.807392	0.312777	-2.58	0.010	**
Family					

Size (X4)	0.0155269	0.0452084	0.34	0.731	NS
Level of Edu. (X5)	-0.0314002	0.161505	-0.19	0.846	NS
Farm size(X6)	-0.175216	0.0581043	-3.02	0.003	***
Herd size(X7)	0.311886	0.228928	1.36	0.173	NS
Log-Likelihood		-55.874			
Test that all slopes are zero: DF = 7, G = 42.786, P-Value = 0.000					

Nota: ***=significativo a 1%, **=significativo a 5%, NS=não significativo Fonte: inquérito no terreno 2015

CAPÍTULO 5

RESUMO, CONCLUSÃO E RECOMENDAÇÃO

5.1   Resumo

O estudo foi realizado com o objetivo geral de examinar o papel das instituições tradicionais nos conflitos entre agricultores e pastores no Estado de Borno. Foram seleccionadas propositadamente três áreas governamentais locais com base na frequência de ocorrência de conflitos entre agricultores e pastores e na sua relativa paz face à insurreição do Boko Haram. Foram também seleccionadas cinco aldeias de cada uma das Áreas Governamentais Locais, perfazendo um total de quinze aldeias. Foram então seleccionados propositadamente dez agricultores e cinco pastores de cada uma das quinze aldeias. O resultado foi uma amostra de 225 pessoas (150 agricultores e 75 pastores).

A análise das variáveis socioeconómicas revelou que a maioria dos agricultores e dos pastores tinha entre 31 e 45 anos de idade. A maioria era do sexo masculino e casada, com um elevado nível de educação corânica e um baixo nível de educação ocidental/formal. A maior parte dos agricultores (41%) cultiva culturas tanto em terras altas como em terras baixas. As culturas mais comuns durante a estação das chuvas são o milho, o amendoim e o painço, enquanto os legumes são maioritariamente cultivados sob irrigação na estação seca. A maioria dos pastores (56%) herdou o seu gado dos seus últimos pais. Proporções razoáveis dos agricultores (42,7%) e dos pastores (38,7%) praticam uma agricultura mista. O sistema semi-intensivo de maneio do gado era amplamente praticado na zona.

Os resultados também revelaram que a maioria (77,3%) dos agricultores e (69,3%) dos pastores estiveram envolvidos em conflitos entre agricultores e pastores nos últimos 15 anos. A abordagem tradicional de arbitragem de conflitos foi a mais preferida pelos inquiridos, seguida dos tribunais e da esquadra de polícia. Quanto à eficácia das várias instituições tradicionais envolvidas na arbitragem de conflitos na área, os chefes políticos tradicionais sob o controlo dos chefes de distrito, chefes de aldeia e chefes de bairro foram considerados mais eficazes pelos inquiridos. As arbitragens através de líderes religiosos, anciãos de aldeia e associações de agricultores e pastores também foram consideradas eficazes. Das oito estratégias identificadas utilizadas pelos árbitros tradicionais, a mediação e o pagamento de indemnizações foram as mais preferidas e mais utilizadas na área de estudo. As variáveis experiência agrícola, idade, rendimento do agricultor e dimensão da exploração são os factores que influenciam o envolvimento dos agricultores e dos pastores em conflitos na área de estudo. As percentagens médias dos agricultores (68,9%) e dos pastores (56,4%) expressaram a sua satisfação com o desempenho das instituições tradicionais na gestão dos conflitos entre agricultores e pastores nas localidades. No entanto, alguns acusaram os árbitros tradicionais de favorecerem um dos lados nas suas decisões. Outros acusaram-nos de aceitarem subornos dos infractores.

5.2 Conclusão

O estudo constatou que as principais fontes de conflitos entre agricultores e pastores na área de estudo tinham origem na competição pelos recursos naturais (terras agrícolas, água e áreas de pastagem). De acordo com os agricultores, a destruição deliberada das culturas pelos pastores com o seu gado foi a principal causa dos conflitos entre eles e os pastores. No entanto, os pastores atribuíram a principal causa dos conflitos à relutância de alguns agricultores em colher e transportar atempadamente os seus produtos agrícolas para casa. O bloqueio dos corredores de gado, das áreas de pastagem e das rotas para os pontos de abeberamento e a queima indiscriminada de arbustos foram algumas das outras causas de conflitos entre agricultores e pastores na área de estudo. A destruição de produtos agrícolas, a perda de animais e de seres humanos foram algumas das consequências comuns dos conflitos entre agricultores e pastores na área. Existem instituições tradicionais que estão a tentar gerir este conflito. O seu fraco sucesso pode ser atribuído a uma série de problemas, que incluem a falta de encorajamento adequado por parte do governo, a desconfiança e a natureza variada dos seus costumes, normas e estratégias de resolução de conflitos.

5.3 Recomendações

As recomendações que se seguem foram formuladas com base nos resultados da investigação:

1. Os governantes tradicionais, em conjunto com todos os intervenientes ao nível da aldeia,

devem iniciar e manter reuniões de rotina ou anuais, nas quais os agricultores seriam lembrados da importância de concluir as suas actividades agrícolas a tempo, a fim de evitar conflitos entre os agricultores e os pastores da zona.

2. Reforçar as instituições tradicionais através de uma alteração constitucional, a fim de lhes devolver o poder de julgar os conflitos nas zonas rurais, que lhes foi retirado pela reforma do governo local de 1976.

3. Programas de intervenção educativa; incluindo serviços de extensão agrícola intensificados, educação nómada, através dos quais os agricultores e pastores obtêm informações relacionadas com as causas, efeitos e prevenção de conflitos.

4. Uma vez que o estudo identificou a usurpação das reservas de pastagem como um dos factores de conflito na área, o estudo recomenda que sejam constituídos Comités de Desenvolvimento Comunitário ao nível da comunidade para garantir que todas as reservas de pastagem e rotas de gado estejam livres de usurpação pelos agricultores.

5.4 Área para estudo posterior

Outros estudos devem centrar-se nas perspectivas e desafios das várias instituições tradicionais envolvidas na gestão de conflitos sobre recursos naturais.

5.5 Contribuições do estudo para o conhecimento

i. Anteriormente, não foi efectuado nenhum estudo sobre o papel das instituições tradicionais na gestão de conflitos entre agricultores e pastores na área de estudo. Assim, isto servirá como conhecimento adicional à literatura existente sobre resolução de conflitos, particularmente nas comunidades rurais.

ii. A aplicação do Pair Wise Ranking para identificar e priorizar os papéis específicos desempenhados pelas instituições tradicionais (tais como mediação, compensação, uso de piadas, espirituais/religiosas) na gestão de conflitos entre agricultores e pastores é inteiramente nova no domínio da resolução.

CAPÍTULO 6

REFERÊNCIAS

Adedo, S. (2000). Training Manual on Participatory Rural Appraisal, Compiled by Freelance Cosultant, Adedo Simon, Adis Ababa, Ethiopia December 2000. http://www.fsnnetwork.org/sites/default/files/pra_guide.pdf Retrieved on 27th October, 2015.

Adebayo, O. O. e O. A. Olaniyi (2005). Factores associados ao conflito entre pastores e agricultores na zona de savana derivada do Estado de Oyo, Nigéria. Jornal de Ecologia Humana. **2** (1) :71-78

Ademosun, A. (1976). Livestock Production in Nigeria: Our Commissions and Omissions. Palestra Inaugural da Série 17 proferida na Universidade de Ife em 29 de fevereiro de 1976. Ife: University of Ife Press.

Adisa, R. S. (2011). Gestão de conflitos entre agricultores e pastores na Nigéria: Implication for Collaboration between Agricultural Extension Service and Other Stakeholders. The Journal of International Agriculture and Extension Education, **18**(1):60-72.

Ahmadu, H. J. (2011). Farmer-Herder Conflict: Exploring the Causes and Management Approaches in the Lake Chad Region Nigeria (Explorando as causas e abordagens de gestão na região do Lago Chade, Nigéria). Dissertação apresentada em cumprimento dos requisitos para a obtenção do grau de Doutor em Filosofia, Faculdade de Direito, Governo e Estudos Internacionais, Universidade Utara Malásia.

Ajuwon, S. S. (2004) Case Study in Fadama Communities. Em Managing Conflict in Community Development. Sessão 5, Desenvolvimento Orientado para a Comunidade.

Akpaki, J. (2002). Ackerbauern und mobile Tierhalter in zentral- und Nord-Benin, Landnutzungskonflikte und Landesentwicklung" Berlim; Freie Universitat Berlin. 152 p.

Angaye, G. R. V. (2003). Causes and cures of conflict in Nigeria: http://www.nigerdeltacongress.com/garticles/causes_and_cures_of_conflicts_in.ht m Retrieved on 27th March 2013

Ardo, A. A (1999). Socio-Cultural Values of Pastoralists and their Amplification in Delivery of Participatory Advisory Services (Valores Sócio-Culturais dos Pastores e sua Amplificação na Prestação de Serviços de Aconselhamento Participativo). In Proceedings of Two Day Training Workshop on Extension Services Published by National Commission for Nomadic Education, Kaduna, PP. 20-27

Awogbade, M. (1980). Livestock Development and Range Use in Nigeria. Em The Future of Pastoral People: Actas de uma Conferência Realizada em Nairobi pelo Instituto de Estudos de Desenvolvimento. Nairobi, pp 325-333.

Ayuba, H. K., U. M. Margah e D. M. Gwary (2007). Climate Change Impact on Plant species composition in six semi arid Rangelands of Northeastern Nigeria (Impacto das alterações climáticas na composição das espécies vegetais em seis pastagens semi-áridas do Nordeste da Nigéria). The *Nigerian Geographical Journal.* **5**(1) :35 - 42

Ayuba, H. K. (2008). Towards Combating Desertification and Deforestation in Yobe State, Nigeria (Para combater a desertificação e a desflorestação no Estado de Yobe, Nigéria): *Yobe Journal of Environment and Development (YOJED) 1(1):* 1 5

Azuwike, O. D. e E. Evan (2010). O Ambiente em Mudança da Nigéria e a Pastoral Nomadismo: Redistribuição de dores e ganhos. Fonte web: http://www.diss.fu-berlin.de/docs/servlets/MCRFileNodeServlet

Blench, R e M. Dendo (2005). Natural Resources Conflicts in North Central Nigeria; Handbook and Case Studies, No 8, Guest Road, Cambridge Reino Unido. http://www.mandaras.info/NaturalResourceConflictsNorthCentralNigeria.html

Blench, R e M. Dendo (2003). The Transformation of Conflicts between Pastoralists and Cultivators in Nigeria http://www.rogerblench.info/Conflict/Herder-farmer%20conflict%20in%20Nigeria.pdf

Blench, R. (2004). Natural resource conflict in north-central Nigeria: A handbook and case studies. Cambridge: Mallam Dendo Ltd, Reino Unido.

Blench, R. e M. Dendo (2006). Role of Traditional Rulers in Conflict Prevention and Mediation in Nigeria (Papel dos Governantes Tradicionais na Prevenção e Mediação de Conflitos na Nigéria) Relatório Final Preparado para o DFID, Nigéria

Boege, V. (2006). Traditional Approaches to Conflict Transformation -Potentials and Limits (Abordagens tradicionais à transformação de conflitos - potencialidades e limites). Centro de Investigação Berghof para a Gestão Construtiva de Conflitos, 1-21. Obtido em 30 de janeiro de 2012 em http://www.berghof-handbook.net

Ministério dos Recursos Animais, Pescas e Florestais do Estado de Borno, BSMAFRR, (2007). Identificação e demarcação de rotas de gado no Estado de Borno: um relatório apresentado ao Governo do Estado de Borno, agosto de 2007, Pp 12 - 16

Ministério dos Recursos Animais, Pescas e Florestais do Estado de Borno, BSMAFRR (2011). Estratégias de implementação das reservas de pastagem e rotas de gado no Estado de Borno: um relatório apresentado ao Governo do Estado de Borno, abril de 2011, Pp 7

Ministério do Governo Local e dos Assuntos de Chefia do Estado de Borno, BSMLCA (2014). Número, estrutura e funções dos distritos no Estado de Borno. Secretariado Musa Usman, Maiduguri, Estado de Borno.

BOSADP Dairy: (2010). Breve relatório sobre o Programa de Desenvolvimento Agrícola do Estado de Borno (BODADP): Impresso por Jumad Danladi Printers, Maidugri, Estado de Borno, Nigéria.

Bottomley, R. (2000). Structural Analysis of Deforestation in Cambodia (com foco na província de Ratanakiri, norte do Camboja). Mekong Watch e Institute for Global Environmental Strategies, Tóquio.

Braimah, H. (2014). Os pastores Fulani e a ameaça à segurança alimentar: publicado na Bendel Newspaper Company Limited Publishers of Nigerian Observers, Digital Edition. http://www.nigerianobservernews.com/16032014/16032014/features/features4.ht ml

Brink, V. R., D. W. Bromley, e J. P. Chavas. (1995). The economics of Cain and Abel: Agro-pastoral property rights in the Sahel. The *Journal of Development Studies* 31 (3): 373-399

Bukhari, M (2005). Paz e Resolução de Conflitos na Nigéria: An Islamic Perspective towards Fostering Nigerian Nationhood: a Paper Presented at the National Conference revenue on Peace Education and the Challenges of Nigeria Nationhood held at College of Education, Minna, Niger State, between 2nd and 26th June, 2005.

Cable News Network, CNN, (2015). O encolhimento do Lago Chade transforma terras agrícolas em deserto. Parte da cobertura completa em África. De Isha Sesay, 2 de março[nd] 2011- atualizado às 1114 GMT (1914 HKT).

Associação dos Parlamentos da Commonwealth, CPA, (2016). O Parlamento do Estado de Borno, Nigéria. http://www.cpahq.org/cpahq/core/parliamentinfo.aspx?committee=borno Acedido em 16 de março de 2016.

Coser, L.A. (1956). The functions of social conflict. New York: The Free Press. *The British Journal of Sociology*, 8 (3) : 197-207.

Cousins, B. (1996). Gestão de conflitos para múltiplos utilizadores de recursos em contextos pastoris e agro-pastoris. In: Actas da 3ª Consulta Técnica Internacional sobre o Desenvolvimento da Pastorícia, Bruxelas, 20-22 de maio de 1996. Nova Iorque: União Europeia e Gabinete Sudano-Saheliano das Nações Unidas.

Daily Trust 19th novembro, 2013. Tanto os criadores de gado como os agricultores devem restringir a sua juventude - Criador de gado, Musa. Pp. 11

Daily Trust 1st novembro de 2015. Restrições do Governo Federal e outros problemas destruirão o nosso estilo de vida - Nómadas Fulani. Vol. 18/No. 17/ pp. 4 & 14

Relatório do Governo Local de Damboa (2002). Relatório do Comité de 10 homens sobre as causas, efeitos e partes envolvidas nos conflitos entre agricultores e pastores nas aldeias de Abulitu, Alimiri e Shettima-Abowu na área da administração local de Damboa, Estado de Borno, maio de 2002. Pp 1 - 7

Daniel, P., U. Hassan, M.N. Musa, H. Giwa e M. T. Hussien (2003). Farmer-herder Conflict Management and Resolution (Gestão e Resolução de Conflitos entre Agricultores e Pastores). Extended Study of Resource Use Conflict for World Bank Fadama 2 Preparations - Nigéria, março de 2003.

Deborah, A. C. e L. F. Edward (2002). Conflict Style Differences Between Individualists and Collectiveists *Journal of Communication Monographs,* Vol. 69 (1), pp67-87 **http://www.galileoco.com/literature/CaiFink2002.pdf** Retrieved on 1st December, 2015

Deutsch, M. (1991). Subjective Features of Conflict Rresolution: Psychological, Social and Cultural Influences. Em Raimo, V. (ed). Conflict Resolution and Conflict Transformation, publicado por SAGE Publications Limited, Londres, Reino Unido. pp 29-30

Dotchkele, M. (2012). Traditional Mechanisms of Conflict Resolution, Gender and school Right (Mecanismos tradicionais de resolução de conflitos, género e direito escolar), Adis Abeba, Etiópia.

Ekanola, B. A. (2004). Para além do isolamento: Rumo a relações de cooperação e resolução de conflitos étnicos na sociedade africana contemporânea. CODESRIA Bull. pp. 3-4, pp 35-37

Ekong, E. E. (2003). An Introduction to Rural Sociology (Introdução à Sociologia Rural): Dove Educational Publications, Uyo, Nigéria. 2nd Edition1-104

Emaikwu, S. O. (2015). Fundamentos de Metodologia de Investigação e Estatística. Revisto e reimpresso por Selfers Academic Press Limited, No. 39 David Mark By-pass, Makurdi Benue State, Nigéria

Emanuel, M. e Ndimbwa T. (2013). Mecanismos tradicionais de resolução de conflitos sobre recursos fundiários: Um caso da comunidade de Gorowa no norte da Tanzânia. Revista Internacional de Investigação Académica em Ciências Empresariais e Sociais 3(11): 214.

Organização das Nações Unidas para a Alimentação e a Agricultura (FAO), (2013). Resolução de Conflitos na Gestão Integrada de Áreas Costeiras. Produzido por: Departamento de Gestão de Recursos Naturais e Ambiente da Organização das Nações Unidas para a Alimentação e Agricultura

Fundo para a Paz (2014). Boletim de Conflitos: Estado de Borno. Produzido pelo Fundo para a Paz e pelo Instituto de Direitos Humanos e Direito Humanitário (IHRHL). http://library.fundforpeace.org/library/cungr1420-nigeriaconflictbulletin-borno- 05a.pdf Recuperado em 2nd maio, 2013

Galleria Media Limited (2004). Estado de Borno da Nigéria: Informações e guia da Nigéria, no sítio Web. www.nigeriagalleria.com/Nigeria/State=Nigeria/Borno- State.htm

Gefu, J. O. e A. Kolawole (2002). Conflict In Common Property Resource Use:

Experiências de um projeto de irrigação. Documento preparado para a 9ª Conferência Bienal da Associação Internacional para o Estudo da Propriedade Comum

Gleditsch, N. P. (2001). Mudança ambiental, segurança e conflito. Turbulant peace, The challenge of managing International Conflict. Washington D.C. Instituto da Paz dos Estados Unidos.

Goodfriend, W. (2015). As Quatro Perspectivas Teóricas da Sociologia: Estrutural-Funcional, Conflito Social, Feminismo e Interacionismo de Símbolos. A lesson transcript. http://study.com/academy/lesson/sociologys-four-theoretical-   perspectives-structural-functional-social-conflict-feminism-symbolic- interactionism.html Retrieved on 1st December, 2015

Guerin, B. (Sem data). Structural Sources of Conflict- Volume One (Fontes Estruturais de Conflito - Volume Um). @Encyclopedia of Life Support System (EOSS). http://www.eolss.net/sample-chapters/c14/E1-40- 02-01.pdf Recuperado em 1st dezembro, 2015

Hagberg, S. (1998). Between peace and justice dispute settlement between Karaboro agriculturalists and Fulbe agro-pastoralists in Burkina Faso. Uppsala: Uppsala Studies in Cultural Anthropology, 25.

Haman, U. (2012). The New Pastoralism: Proprietários ausentes, novas tecnologias, mudança económica e gestão de recursos naturais na região do Sahel do Norte dos   Camarões https://openaccess.leidenumv.nl/bitstream/handle/1887/19840/06.pdf?sequence=1   3 Recuperado em 27th outubro, 2015.

Hamisu, K. S. (2003). Stock and Transhumance Routes: Conflitos e Resolução de Conflitos, Identificação, Demarcação e Aplicação de Rotas:

Hoffman, I. (2004). Crop Livestock Interactions and Soil Fertility Management in North Western Nigeria (Interacções entre culturas e gado e gestão da fertilidade do solo no Noroeste da Nigéria). Primeira Conferência Virtual Global sobre Produção Orgânica de Gado de Carne, de 2nd setembro a 15th dezembro, 2002 PP.2.

Ibrahim, A. A., Z. I. Ali, S. B. Mustapha e H. Dahiru (2014). Análise dos métodos de extensão agrícola utilizados pelos trabalhadores da extensão para a resolução de conflitos entre agro-pastoris no estado de Adamawa, Nigéria. *Journal of Developing Country Studies.* 4(4) : 5

Idris, A. (2011). Levar o camelo pelo buraco de uma agulha: Reforçar a Resiliência Pastoral através da Política de Educação no Quénia. Resiliência: *Interdisciplinary Perspectives on Science and Humanitarianism (Perspectivas interdisciplinares da ciência e do humanitarismo).* **2** (12): 25-38. http://fletcher.tufts.edU/Resilience/~/media/06D3C2D2098441178487C27A2E54 CF1F.pdf Recuperado em 27th outubro, 2015.

Ifah, S.S. e P. Okwute (1994) A Survey of Micro-Enterprises in North East of Nigeria *Scandinavian Journal of Development Alternatives,* **13** (2): 5-17

Iliya, M. A., T. A. Muhammad-Baba e A. Oppon-Kumi (2013). Climate Change, Land Degradation, Forced Migration and Farmer-Pastoralists Conflicts in NorthWestern Nigeria (Alterações climáticas, degradação dos solos, migração forçada e conflitos entre agricultores e pastores no noroeste da Nigéria): Observation and Extrapolations. Publicado em Climate Change and Sustainable Development in Nigeria por Crown F. Publisher, N/122/123, Oyo Road Coco-cola, Ibadan.

Instituto Internacional de Agricultura Tropical, IITA, (2011): Estudo da Dinâmica de Utilização de Recursos e Identificação de Gabaritos de Política na Produção Agrícola nas Savanas do Sul do Norte da Nigéria.

International Regional Information News, IRIN, (2013) Nomad Farmer Clashes Increases as Pasture Shrinks on website: http:/www.irinnews.org/Report/84761/Nigeria-Normad-Farmer-Clashes 22/02/2013

Iro, S. (Sem data). Grazing Reserve Development: A Panacea to the Intractable Strife between Farmers and Herders, Programador e Analista de Dados, EUA.

Ishaku, I. (2014). Eficiência no uso de recursos na produção de inhame na parte norte do estado de Benue, Nigéria. *Dissertação de Mestrado,* Departamento de Economia Agrícola e Extensão, Universidade de Ilorin, Nigéria.

União Internacional para a Conservação da Natureza (UICN), (2011). Baseline Study on Livestock Wildlife-Environment Interface in the Nigerian Sector of the Lake Chad Basin, Being an International Union for Conservation of Nature, (IUCN) Consultancy Project Undertaken by Haruna Kuje Ayuba, Department of Geography University of Maiduguri, Borno State Nigeria.

Jamsranjav C. (2009). Sustainable Rangeland Management in Mongolia. The Role of Herder Community Institutions (O papel das instituições comunitárias de pastores). Land Restoration Training Programme; Mongolia Security of Range Management, Bayanzurkh District, Khoroo 13381, Ulaanbaatar, Mongolia.

Jatto, N.A. (2012). Características económicas e sociais dos produtores de ovos de aves de capoeira registados em Ilorin, Estado de Kwara, Russian Journal of Agricultural and SocioEconomic Sciences **11** (11): 18-23

Jauro, A. B (2007). Questões Sócio-Económicas e Resolução de Conflitos na Utilização dos Recursos Hídricos: A Paper Delivered at the Regional Round table on Sustainable Development of Lake Chad Basin Organizado pela DTCA em conjunto com a UNIMAD, Governo do Estado de Borno, LCBC, UNESCO, LCRI, CBDA, FMA, WR, MFA na Universidade de Maiduguri, Estado de Borno, de 20th a 22nd fevereiro, 2007.

Kabir, B. G. J., A. Kagu e F. A. K. Yerima (2009). Agriculture, Cultural Interplay and Environment

Degradation on the Shores of the Lake Chad (Agricultura, Interação Cultural e Degradação Ambiental nas Margens do Lago Chade). Em Waziri, M, A. Kagu e A. K. Monguno (eds). Issues in Geography of Borno State, Volume One; publicado por Adamu Joji publishers, No. 123 Mangwarori street, Kano City, Nigéria.

Kariuki F. (2015). Resolução de conflitos pelos anciãos em África: Successes, Challenges and Opportunities (Sucessos, desafios e oportunidades). Jornal de Direito e Resolução de Conflitos 1(3): 60-67.

Kughur P. G (2009). Communal Conflict and Rural Livelihood in Four Local Government Areas of Benue State, Nigéria. A Dissertation (Unpublished) Submitted to the Department of Agriculture Economics and Extension Usmanu Danfodiyo University Sokoto, Nigeria.

Comissão da Bacia do Lago Chade LCBC, (2014). Relatório das actividades do BRG sobre a adoção das alterações climáticas na Bacia do Lago Chade (GIZ)

Lauer, H. (2007). Depreciar a cultura política africana. Jornal de Estudos Negros, 38 (2), pp. 288-307.

Mai-jir, M.M. (2014). Análise dos factores que contribuem para os conflitos entre os utilizadores de recursos naturais na área governamental local de Yunusari do Estado de Yobe, Nigéria. Dissertação de mestrado não publicada apresentada à Escola de Estudos de Pós-Graduação, Universidade de Maiduguri, Nigéria.

Makoye, K. M (2012). A seca leva os pastores da Tanzânia a entrar em conflito com os agricultores, Dar es Salam

Marighetto, A., M. Prieditis e A. Sgubini, (2004). Arbitragem, Mediação e Conciliação: Diferenças e semelhanças numa perspetiva empresarial internacional e italiana. Impresso em Bridge Mediation, 2004.

Mohammed, L. (2012). Ministério Federal da Agricultura e dos Recursos Nacionais, Abuja, Nigéria. Produção agrícola, transformação e prioridades de investigação P7.

Moutari, M. (2008). Securing Pastoralism in East and West Africa: Niger/Nigeria Desk Review, outubro de 2008 http://www.google.com/search?client=opera&rls=en&q. Recuperado em 21st outubro, 2015.

Moritz, M. (2012). Conflitos entre agricultores e pastores na África Subsariana. Um projeto patrocinado em parte pela National Geographic Society e pela Ohio State University. http://www.eoearth.org/profile/Mark.moritz/ Retrieved on 21st October, 2015.

Moritz, M. (2006). A comprehensive Study of Herder Farmer Conflicts in West Africa; Mershon Center for International Security Studies, Neil Ave, Columbus

Moritz, M. (2009) "Farmer-herder conflicts in Sub-Saharan Africa" (Conflitos entre agricultores e pastores na África Subsariana). In: Enciclopédia da Terra. Eds. Cutler J. Cleveland (Washington, D.C.: Coligação de Informação Ambiental, Conselho Nacional para a Ciência e o Ambiente). [Publicado pela primeira vez na Encyclopedia of Earth em 26 de agosto de 2009; Última revisão em 16 de julho de 2012; Recuperado em 9 de dezembro de 2012<http://www.eoearth.org/article/Farmer-conflitos entre pastores na África Subsariana?topic=49530>

Morrill, C. (1995). The Executive Way: Conflct Management in Corporations, Chicago. University of Chicago Press.

Msuya, D. G. (2013). Sistemas agrícolas e consenso de uso da terra entre culturas e gado. Tanzanian perspectives, Open Journal of Ecology, 3(7), 473-48

Mukhtar, A., M. Waziri e I. D. Muhammad (2009). Produção pecuária no Estado de Borno: uma visão geral. Em Waziri, M, A. Kagu e A. K. Monguno (eds). Issues in Geography of Borno State, Volume One; publicado por Adamu Joji publishers, No. 123 Mangwarori street, Kano City, Nigéria.

Murtala, A. M. (2013). Conflitos entre Fulani e Agricultores no Estado de Nasarawa: A Ecologia, a População e a Política: O *Tema do Jornal de Aventura* mamurtala@gmail.com

Musa, A.U. (2013). Factores que inibem a produção agrícola entre as mulheres rurais no sul do estado de Yobe, Nigéria. Dissertação de Mestrado, Universidade de Jos, Nigéria.

Gabinete Nacional de Estatística (2014). Resumo anual de estatísticas, República Federal da Nigéria: http://www.nigerianstat.gov.ng/pdfuploads/annual abstract Retrieved on 27th February, 2016.

Notarus M. e O. Aginam (2009). Sucking Dry an Africa Giant, Paz e Segurança, Alterações Climáticas, Conflitos e Desertificação em África. Universidade das Nações Unidas, 2010.

Nweke, K, (2012). O Papel das Instituições Tradicionais de Governação Conflitos Sociais no Delta do Níger rico em petróleo da Nigéria Imperativos de Comunicação do Processo de Construção da Paz na Era Pós-Anistia Britânica. Journal of Arts and Social Sciences, Vol. 5(2) pp. 202 - 219

Nweze, N. J. (2005). Minimização dos conflitos entre agricultores e pastores nas zonas de Fadama através de planos de desenvolvimento local: Implications for increased crop/livestock productivity in Nigeria. Trabalho apresentado na 30th Conferência Anual da Sociedade Nigeriana de Produção Animal, realizada de 20 a 24 de março.

Nworah, U. (2007). The Role of Traditional Rulers in an Emerging Democratic Nigeria (O Papel dos Governantes Tradicionais numa Nigéria Democrática Emergente). Chicken Bones: A Journal for Literary & Artistic African-American http://www.nathanielturner.com/roleoftraditionalrulersinNigeria.htm Retri eved on 27th October, 2015.

O'Connell, M. R. (2012). Modelos de viabilidade percebida de preocupação dupla. Collaborative Problem Solving, viaconflict. https://viaconflict.wordpress.com/2012/07/22/dual- concern-perceived-feasibility-models/ Retrieved on 1st December, 2015

Odoh, S. I. e C. F. Chigozie (2012) climate Change and Conflict in Nigeria: A Theoretical and Empirical Examination of the Worsening Incidence of Conflicts between Fulani Herdsmen and Farmers in Northern Nigeria: Arabian Journal of Business and Management Review, (OMAN CHAPTER) Vol 2(1) pp. 110-124

Ofem, O. O. e I. Bassey (2014). Meios de subsistência e dimensão do conflito entre agricultores e pastores Fulani na região de Yakurr do estado de Cross River, Mediterranean Journal of Social Sciences, 5(8): 512-519

Ofouku, A. (2010). The Role of Community Development Committees in FarmerHerder Conflicts in Central Agricultural Zone of Delta State, Nigeria (O papel dos comités de desenvolvimento comunitário nos conflitos entre agricultores e pastores na zona agrícola central do Estado do Delta, Nigéria). Jornal de Perspetiva Alternativa em Ciências Sociais. 1 (3): 921-937.

Ofouku, A. e B. I. Isife, (2009). Causes Effects and Resolution of Farmer Nomadic Cattle Herders Conflicts in Delta State, Nigeria (Causas, efeitos e resolução de conflitos entre agricultores e pastores de gado nómadas no Estado do Delta, Nigéria): Agricultural Tropical Subtropical. Revista Internacional de Sociologia e Antropologia 1(2): 47-54.

Okungbowa, U. S. e U. Philomena (2014). Análise comparativa da instituição tradicional para a estabilidade democrática na Nigéria. Jornal Indiano de Administração Pública Dinâmica.30(2):99-115
http://www.indianjournals.com/ijor.aspx?target=ijor:dpa&volume=30&issue=2& article=002
Retrieved on 27th October, 2015.

Olayinka, A. P., T. T. Florence, A. A. Idowu, P. O. Ewuola e A. S. Aderemi (2015). Impacto dos meios de comunicação de massa na resolução de conflitos. Revista Internacional de Investigação Académica. Ciências Sociais e Educação 1(1): 1-22

Onuoha, F. (2008). Environmental Degradation, Livelihood and Conflicts (Degradação ambiental, meios de subsistência e conflitos). A Focus on the Implications of the Diminishing Water Resources of Lake Chad for North Eastern, Nigeria: Jornal Africano de Resolução de Conflitos, VOL 8 (2) PP 5-61

Onyeyilli P. A. et al (Sem data). Intoxicação acidental de ovelhas por plantas na zona árida da Nigéria. http://www.fao.org/Ag/aga/agap/frg/FEEDback/War/t1300b/t1300b0p.htm Recuperado em 13 de março de 2013.

Orji, K. E. e Olali, S. T. (2010). Traditional Institutions and their Dwindling Roles in Contemporary Nigeria: The Rivers State Example. Em T. Babawale, A. Aloa, & B. Adesoji, the Chieftaincy Institution in Nigeria. Lagos: Concept Publication Ltd.

Osie-Hwedie, K. e M. J. Rankopo (sem data). Resolução de Conflitos Indígenas em África. The case of Ghana and Botswana. Fonte Web: http://home.hiroshima- u.ac.jp/heiwa/Pub/E29/e29-3.pdf Recuperado em 28th outubro, 2015.

Reddy, S. S., P. R. Ram, T.V. Neelkanta-Sastry e I.B. Deri (2008). Agricultural Economics, Oxford and IBH Publishing Company PVT Lt, New Delhi, 646 pp. citado em AbudulSalam R. Y. (2010). Economia do sistema de agricultura irrigada de pequenos agricultores nas zonas húmidas de Hadejia Nguru, no nordeste da Nigéria. Dissertação de Mestrado (Não publicada). Departamento de Economia Agrícola e Extensão, Faculdade de Agricultura da Universidade Usmanu Danfodiyo de Sokoto.

Ross, M. (2004). As Maldições dos Recursos Nacionais: How wealth can make you poor. Em Banna, I e P. collier (Eds.) National Resource and Voilent conflict.

Ciência em África (2003). Reabastecimento do Lago Chade. Retirado de <http://www.scienceinafrica co.za/2003/march/chad.htm>. Acedido em 5th maio 2006.

Shettima, A. G. e U. A. Tar (2008) Farmer Pastoralist Conflict in West Africa: Exploring the Cause and Consequences Information, Society and Justice, 1 (27) : 163-184

Sternberg, R. J. e D. M. Dobson (1987). Resolução de conflitos interpessoais: An analysis of stylistic consistency. Journal of Personality and Social Psychology (American Psychological Association), 52 (4): 94-812

Stagner, S. (1967). The Dimensions of Human Conflict Compilado com uma Introdução. Publicado por Detroit Wayne, State University Press, pp 194.

Sulaiman, A. e M. R. Ja'afar-Furo (2010). Efeitos económicos dos conflitos entre agricultores e pastores na Nigéria: A Case Study of Bauchi State. Tendências em Economia Agrícola 3. Rede Asiática de Informação Científica, 2010.

Sunday Trust 9th junho, 2013. Tanto os Criadores de Gado como os Agricultores devem restringir a sua Juventude - Criador de Gado, Musa. Pp. 11

This Day, 20th August 2012. Actividades do Boko Haram destroem a economia do Norte. http://www.thisdaylive.com/articles/how-boko-haram-activities-destroy-economy-of-the-north/122763/ Retrieved on 2nd May, 2013

Tonah, S. (2006). Managing Farmer-Herder Conflicts in Ghana's Volta Basin region Ibadan, Journal of Social Sciences 4(1): 33-45

Ukaegbu, C. C. e Agunwaba, N. C. (1995). Conflict and Consensus in Rural Development: The Neglected Dimension: Concepts, processes and prospects. Publicado por Auto-Century Publications Company Limited Enugu, Nigéria.

Umar, B. F. (sem data). The Pastoral-Agricultural Conflicts in Zamfara State, Nigeria: North Central Regional Centre for Rural Development, Iowa State University, Ames http://conference.ifas.ufl.edu/ifsa/posters/Umar.doc Retrieved on 21st October, 2015.

Umar, B. F. (2004). Management of Pastoral-Agricultural Conflicts in Zamfara State, Nigeria A PhD Thesis submitted to the School Post Graduate Studies, Bayero University Kano, Nigeria.

Umar, S. (2013). Analysis of Resource Use Conflicts in Kanji Dam Area of Yauri Emirate, Kebbi State, Nigeria uma tese de doutoramento apresentada à Escola de Estudos de Pós-Graduação, Universidade Usmanu Danfodiyo, Sokoto.

Programa das Nações Unidas para o Ambiente, PNUA (2009). From Conflict to Peacebuilding. O papel dos recursos naturais e do ambiente.

Gabinete das Nações Unidas contra a Droga e o Crime, UNODC, (2011). Handbook on Improving Access to Legal Aid in Africa, Criminal Justice Handbook Series, United Nations Vienna,NewYork,2011 https://www.unodc.org/pdf/criminal justice/Handbook on improving access to legal aid in Africa.pdf Retrieved on 26th October, 2015

Agência dos Estados Unidos para o Desenvolvimento Internacional, USAID (2005). Conflict Early Warming and Migration of Resource Based Conflicts in the Greater Horn of Africa: Conduzido no agrupamento de Karamajong do Quénia e do Uganda. Pp 9

Valenti, A. D. (2015). Estimar a população em risco em ambientes com poucos dados: Uma análise geograficamente desfavorecida do terrorismo do Boko Haram 2009-2014: A thesis Presented to the faculty of the USC Graduate School, University of Southern California In Partial Fulfillment of the Requirements for the Degree (Master of Science).

Vanderlin J. (2005). Conflicts and cooperation over the commons: A concetual and methodological framework for assessing the role of local institutions. http:www.ilri.cgiar.org/infoserve/web pub/fulldocs/pr.

Walker, R. (2013). Mai Idris Alooma & Primeiro-Ministro Imhotep. Black History Man Books and Media, segunda edição publicada por Recklaw education Limited, C/O 88 Chamberlain place walthamstaw, Londom.

Wassara, S.S. (2007). Traditional Mechanisms of Conflict Resolution in Southern Sudan

(Mecanismos tradicionais de resolução de conflitos no Sul do Sudão): Fundação Berghof de Apoio à Paz.

Waziri M. (2009). A Geografia do Estado de Borno. Uma visão geral. Em Waziri, M, A. Kagu e A. K. Monguno (eds). Issues in Geography of Borno State, Volume

One; publicado por Adamu Joji publishers, No. 123 Mangwarori street, Kano City, Nigéria.

Wikipédia (2013). Conselho do Emirado de Borno. Acedido em 23 de junho de 2013. Fonte Web: http://en.wikipedia.org/wiki/Bomo Emirate

Wikipédia (2016). Resolução de conflitos. Acedido em 7 de março de 2016. Sítio Web: https://en.wikipedia.org/wiki/Conflict resolution

Wikipédia (2016). Nigerian traditional rulers. Acedido em 23 de janeiro de 2016. Fonte Web: https://en.wikipedia.org/wiki/Nigerian governantes tradicionais

Banco Mundial (2003). Documento de Trabalho/Relatório Parcial da Missão ao Estado de Kebbi. DFID/JEWEL Extended Study of Resource Use Conflict for World Bank Fadama 2 Preparations.

Zeleke, M. (2009). O caso do santuário islâmico de Tiru Sina: Religião e resolução de conflitos. Comunicação apresentada numa conferência internacional de Estudos Etíopes, Adis Abeba.

CAPÍTULO 7

APPENDIX I

Escala de Likert sobre a eficácia das várias instituições tradicionais dos agricultores (n=150)

S\N	Statement	Most Effective	Moderately Effective	Undecided	Less Effective	Not Effective
1	Traditional authorities (such as District heads, village head & ward head)	107(71.3%)	41(27.3%)	-	2(1.3%)	-
2	Community Development Committees	24(16.0)	58 (38.7)	17 (11.3)	40(26.7)	11(7.3)
3	Local Farmers Associations	18(12.0)	55 (36.7)	31 (20.7)	36(20.0)	10(6.7)
4	Herders Associations	25(16.7)	76 (50.7)	18 (12.0)	-	7(4.7)
5	Village elders	51(34.0)	49(32.7)	15(10.0)	20(13.3)	15(10.0)
6	Local Government	22(14.7)	38(25.3)	22(14.7)	61(40.7)	7(4.7)
7	State Government	12(8.0)	27(18.0)	45(30.0)	30(20.0)	36(24.0)
8	Non-governmental Organization (NGOs)	4(2.7)	35(23.3)	60(40.0)	26(17.3)	25(16.7)
9	Jokes between herders and farmers	20(13.3)	49(32.7)	26(17.3)	39(26.0)	16(10.7)
10	Religious leaders	69(46.0)	30(20.0)	29(19.3)	17(11.3)	5(3.3)

Escala de Likert sobre a eficácia das várias instituições tradicionais dos pastores (n=75)

S\N	Statement	Most Effective	Moderately Effective	Undecided	Less Effective	Not Effective
1	Traditional authorities (such as District heads, village head & ward head)	64(85.3%)	8(10.7%)	-	2(2.7%)	1(1.3%)
2	Community Development Committees	15(20.0)	35(46.7)	9(12.0)	14(18.7)	2(2.7)

3	Local Farmers Associations	9(12.0)	33(44.0)	8(10.7)	24(32.0)	1(1.3)
4	Herders Associations	44(58.7)	27(36.0)	1(1.3)	3(4.0)	-
5	Village elders	26(34.7)	31(41.3)	4(5.3)	14(18.7)	-
6	Local Government	8(10.7)	12(16.0)	17(22.7)	31(41.3)	7(9.3)
7	State Government	8(10.7)	15(20.0)	17(22.7)	29(38.7)	6(8.0)
8	Non-governmental Organization (NGOs)	5(6.7)	11(14.7)	27(36.0)	16(21.3)	16(21.3)
9	Jokes between herders and farmers	12(16.0)	35(46.7)	10(13.3)	10(13.3)	8(10.7)
10	Religious leaders	35(46.7)	23(30.7)	6(8.0)	11(14.7)	-

APPENDIX II

Escala de Likert sobre a perceção da eficácia das instituições tradicionais por parte dos agricultores (n=150)

Statement	SA	A	U	D	SD
Traditional rulers' arbitration is quicker and less expensive	32(21.3)	77(51.3)	16(10.7)	17(11.3)	8(5.3)
Traditional conflict resolution is more transparent	48(32.0)	58(38.7)	10(6.7)	30(20.0)	4(2.7)
Win – win result is attainable through traditional method	34(22.0)	75(50.0)	15(10.0)	24(16.0)	2(1.3)
Cases of farmers and herders conflicts are mostly terminated at the level of traditional rulers	38(25.3)	67(44.7)	18(12.0)	27(18.0)	-
Traditional approach mostly restores peace after the resolution	35(23.3)	70(46.7)	19(12.7)	25(16.7)	1(0.7)
Traditional rulers reconcile and reintegrate both parties in conflict	27(18.0)	72(48.0)	22(14.7)	24(16.0)	5(3.3)
Traditional rulers organize annual meetings with farmers and herders on prevention of conflict in the locality	61(40.7)	42(28.0)	10(6.7)	24(16.0)	3(8.7)

Nota: SA-Concordou fortemente, A-Concordou, UN-Indeciso, D-Discordou e SD-Discordou fortemente

Escala de Likert sobre a perceção da eficácia das instituições tradicionais por parte dos agricultores (n=150)

Statement	SA	A	U	D	SD
Traditional rulers usually favour one party in their resolution	28(18.7)	66(44.0)	5(3.3)	43(28.7)	8(5.3)
Traditional rulers collect bribe from one party in conflict or both	21(14.0)	66(44.0)	7(4.7)	37(24.7)	19(12.7)
Traditional rulers handle minor conflicts only	53(35.3)	67(44.7)	7(4.7)	12(8.0)	11(7.3)
Cases on farmer-herder conflicts are not willingly reported to the traditional rulers in your locality	2(1.3)	1(0.7)	56(37.3)	10(6.7)	81(54.0)
The outcome of traditional arbitration is not mostly accepted by both parties in conflict	42(28.0)	72(48.0)	11(7.3)	17(11.3)	8(5.3)
Traditional conflict arbitration cannot ensure long-term solutions to the farmers and herders relationship	2(1.3)	3(2.0)	51(34.0)	40(26.7)	54(36.0)

Nota: SA-Concordou fortemente, A-Concordou, UN-Indeciso, D-Discordou e SD-Discordou fortemente

Escala de Likert sobre a perceção da eficácia das instituições tradicionais por parte dos pastores (n=75)

Statement	SA	A	U	D	SD
Traditional rulers' arbitration is quicker and less expensive	27(36.0)	29(38.7)	4(5.3)	9(12.0)	6(8.0)
Traditional conflict resolution is more transparent	16(21.3)	27(36.0)	9(12.0)	16(21.3)	7(9.3)
Win – win result is attainable through traditional method	22(29.3)	23(30.7)	17(22.7)	12(16.0)	1(1.3)
Cases of farmers and herders conflicts are mostly terminated at the level of traditional rulers	26(34.7)	22(29.3)	3(4.0)	20(26.7)	4(5.3)
Traditional approach mostly restores peace after the resolution	16(21.3)	41(54.7)	8(10.7)	8(10.7)	2(2.7)
Traditional rulers reconcile and reintegrate both parties in conflict	20(26.7)	24(32.0)	21(28.0)	10(13.3)	-
Traditional conflict arbitration cannot ensure long-term solutions to the farmers and herders relationship	1(0.7)	37(24.7)	14(9.3)	67(44.7)	31(20.1)

Nota: SA-Concordou fortemente, A-Concordou, UN-Indeciso, D-Discordou e SD-Discordou fortemente

Escala de Likert sobre a perceção da eficácia das instituições tradicionais por parte dos pastores (n=75)

Statement	SA	A	U	D	SD
Traditional rulers usually favour one party in their resolution	10(13.3)	41(54.7)	6(8.0)	12(16.0)	6(8.0)
Traditional rulers collect bribe from one party in conflict or both	8(10.7)	35(64.7)	8(10.7)	17(22.7)	7(9.3)
Traditional rulers handle minor conflicts only	20(26.7)	29(38.7)	5(6.7)	21(28.0)	-
Cases on farmer-herder conflicts are not willingly reported to the traditional rulers in your locality	-	8 (10.7)	2(2.7)	26(43.7)	39(53.0)
The outcome of traditional arbitration is not mostly accepted by both parties in conflict	22(29.3)	32(42.7)	3(4.0)	18(24.0)	-
Traditional conflict arbitration cannot ensure long-term solutions to the farmers and herders relationship	4(5.3)	21(28.0	3(4.0)	27(36.0))	20(26.7)

Nota: SA-Concordou totalmente, A-Concordou, UN-Indeciso, D-Discordou e SD-Discordou totalmente

APPENDIX III

PROGRAMA DE ENTREVISTAS PARA AGRICULTORES

SECÇÃO A: CARATERÍSTICAS SOCIOECONÓMICAS
1. Aldeia\comunidade ....
2. Idade ....anos
3. Género
   a. Homem [ ] b. Mulher [ ]
4. Estado civil
   a. Casado [   ] b. Solteiro [   ] C. Divorciado [   ]
      d. Separado [ ] e. Viúvo [ ]
5. Tamanho da família
   a. Número de esposas ....b. Número de filhos.... c. Número de
      dependentes.......
6. Formação académica
   a. Primário [ ] b. Secundário [   ] c. Terciário [   ]
   d. Educação de adultos [ ] e. Alcorão [ ] d. Outros (especificar).............
7. Ocupação
   a. Culturas agrícolas [ ] b. Pesca [ ] c. Comércio   [ ]
   d. Pastoralismo [ ] e. Função pública [ ] f. Agricultura mista [ ]
   g. Função pública com agricultura [ ] h. Função pública com pastorícia [ ]
8. Dimensão da ....exploraçãohectares
9. Rendimento ....anualNaira
10. Experiência agrícola....years
11. Modo de propriedade da terra
    a. Individual/pessoal [ ] b. Colheita [ ] c. Aluguer [ ]
    d. Penhor [ ] e. Comunal [ ] f. Emprestado [ ] g. Outros (especificar)..........
12. Tipo de exploração

a. Culturas agrícolas [ ] b. Pecuária [   ] c. Ambos [   ]
13. **Tipo de culturas efectuadas durante a estação das chuvas**
   a. Milho []   b. Amendoim [   ] c. Painço [ ] d. Sorgo [ ]
   e. Arroz [ ] f. Outros (especificar)....................
14. **Tipo de culturas de regadio**
   a. Produtos hortícolas [ ] b. Milho [ ] c. Arroz [ ] d. Trigo [ ]
   e. Pomares [ ] f. Outros (especificar)................
13. **Localização da exploração**
   a. Terras altas (tudu) [   ] b. Terras baixas (fadamaland) [ ] c. Ambos [ ]

14. **Quais dos seguintes recursos estão disponíveis na sua área?**
   (Assinalar o que for aplicável)
   a. Reservas de pastagem [ ] b. Rota do gado [ ] c. Pastagens [ ]
   d. Ponto de rega [ ] e. Resíduos de culturas [ ] f. Outros (especificar).............

SECÇÃO B: CONFLITO E SUAS CAUSAS E EFEITOS
15. **Esteve alguma vez envolvido num conflito nos últimos 15 anos na sua localidade?**
   a. Sim [ ] b. Não [ ]
16. **Com que tipo de conflito se deparou? (Assinalar o que for aplicável)** a. Conflito entre agricultor
   e pastor [   ] b. Conflito entre pastor e pescador   [   ]
   c. Conflito entre agricultores e pescadores [   ] d. Conflito entre agricultores e guardas
florestais [ ]
   e. Conflito entre agricultor e agricultor [ ] f. Conflito entre pastor e pastor [ ]
17. **Com que frequência ocorrem conflitos entre agricultores e pastores nesta localidade?**
   Anualmente [ ] b. Frequentemente [ ] c. Raramente [ ] d. Outro (especificar)
18. **Se for anual, quando é que os conflitos ocorrem mais frequentemente?**
   a. Início da estação de cultivo [ ] b. Na estação seca [ ]
   c. Pico da época de cultivo [ ] d. Época de colheita [ ] e. Outro (especificar) .....
19. **Quais são as possíveis causas dos conflitos entre agricultores e pastores na sua localidade?**
   (assinalar as que se aplicam)

   a. Danos involuntários nas culturas provocados pelo gado dos pastores [ ] b. Destruição
   deliberada das culturas pelo gado dos pastores [ ] c. Bloqucio do corredor para o gado pelos
   agricultores com culturas   [   ]
   d. Bloqueio das zonas de pastagem pelos agricultores com culturas   [   ]
   e. Bloqueio do ponto de rega pelos agricultores com culturas [ ] f. Utilização da fonte de
   água da estação seca   [   ]
   g. Queima indiscriminada de arbustos pelos agricultores   [   ]
   h. Corte indiscriminado de árvores pelos pastores   [   ]
   i. Corte indiscriminado de árvores pelos agricultores   [   ]
   j. Roubo de gado   [   ]
   k. Atraso desnecessário na colheita dos produtos agrícolas pelos agricultores [ ] l. Outros
   (especificar)..............................
20. **Quais são os efeitos dos conflitos entre agricultores e pastores na sua localidade? (assinalar o**
   que for aplicável)
   a. Perda de vidas humanas   [   ]
   b. Perda de gado   [   ]
   c. Força a migração tanto de pastores como de agricultores [   ]
   d. Destruição de produtos agrícolas   [   ]
   e. Destruição de casas   [   ]
   f. Destruição de edifícios públicos, como escolas, mercados [   ]

g. Destruição de veículos, motociclos e outros bens   [ ]

h. Leva à fome   [ ]

i. Outros (especificar)..............

SECÇÃO C: MECANISMOS DE RESOLUÇÃO DE CONFLITOS

21. Qual dos seguintes mecanismos de resolução de conflitos prefere para resolver os conflitos entre agricultores e pastores na sua zona? (assinalar o que for aplicável)

a. Mecanismos tradicionais   [ ] b. Tribunais   [ ]

c. Governos locais e estatais [   ] d. Exército   [ ]

e. Governos locais e estatais [ ] f. polícia   [ ]

g. Organizações não governamentais [ ] h. Agentes de extensão [ ]

h. Outros (especificar) ..

22. Qual dos seguintes mecanismos tradicionais de resolução de conflitos considera mais eficaz para resolver os conflitos entre agricultores e pastores na sua zona? (assinalar o que for aplicável)

S/N	Traditional Conflict Mechanisms	Most effective (5)	Moderately effective (4)	No idea (3)	Least effective (2)	Not effective (1)
1	Traditional authorities (such as District heads, village head & ward head)					
2	Community Development Committees					
3	Local Farmers Associations					
4	Herders Associations (such as Miyetti-Allah and Al-haya Cattle Breeders Associations)					
5	Village elders					
6	Local Government					
7	State Government					
8	Non-governmental Organizations (NGOs)					
9	Jokes between herders and farmers					
10	Religious leaders (such as Imams and pastors)					

18. Por favor, responda às perguntas do quadro seguinte sobre a sua perceção do método tradicional de gestão dos conflitos entre agricultores e pastores

Respondents' Perception	SA	A	UN	D	SD
Traditional rulers' arbitration is quicker and less expensive					
Traditional conflict resolution is more transparent					
Win – win result is attainable through traditional method					
Cases of farmers and herders conflicts are mostly terminated at the level of traditional rulers					

	SA	A	UN	D	SD
Traditional approach mostly restores peace after the resolution					
Traditional rulers reconcile and reintegrate both parties in conflict					
Traditional rulers organize annual meetings with farmers and herders on prevention of conflict in the locality					

Nota: SA-Concordou fortemente, A-Concordou, UN-Indeciso, D-Discordou e SD-Discordou fortemente

19. Assinale a sua opinião sobre a eficácia do método tradicional de resolução de conflitos entre agricultores e pastores na sua região.

Respondents' opinion	SA	A	UN	D	SD
Traditional rulers usually favour one party in their resolution					
Traditional rulers collect bribe from one party in conflict or both					
Traditional rulers handle minor conflicts only					
Most of the cases on farmer-herder conflicts are not willingly reported to the traditional rulers in your locality					
The outcome of traditional arbitration is not mostly accepted by both parties in conflict					
Traditional conflict arbitration cannot ensure long-term solutions to the farmers and herders relationship					

Nota: SA-Concordou fortemente, A-Concordou, UN-Indeciso, D-Discordou e SD-Discordou fortemente

APÊNDICE IV
PROGRAMA DE ENTREVISTAS PARA PASTORES

SECÇÃO A: CARATERÍSTICAS SOCIOECONÓMICAS
1. Aldeia\comunidade ....
2. .... Idade-anos
3. Género
   b. Masculino [ ] b. Feminino [ ]
4. Estado civil
   b. Casado [   ] b. Solteiro [   ] C. Divorciado [   ] d. Separado [   ]
      e. viúva [   ]
5. Tamanho da família
   b. Número de esposas .... b. Número de filhos.... c. Número de
      dependentes ....
6. Formação académica
   b. Primário [   ] b. Secundário [ ] c. Terciário [   ]
   d. Educação de adultos [ ] e. Alcorão   [ ] d. Outros (especificar).............
7. Ocupação
   b. Culturas agrícolas [ ] b. Pesca [ ] c. Comércio   [ ]
   d. Pastoralismo [ ] e. Função pública [ ] f. Agricultura mista [ ]
   h. Função pública com agricultura [ ] h. Função pública com pastorícia [ ]
8. Tipo de exploração

91

b. Culturas agrícolas [ ] b. Pecuária [   ] c. Ambas [ ]
9. Tipo de animais detidos (assinalar o que for adequado)
    a. Bovinos [ ] b. Ovinos [ ] c. Caprinos [ ] d. Camelos [ ] e. Burros [ ]
    f. Cavalo [ ] g. Suíno [ ] h. Outros (especificar) ....
10. Como é que adquiriu o seu gado?

    a. Herança [ ] b. Doação [ ] c. Compra [ ] d. Outro (especificar) ....
11. Que sistema de gestão do gado pratica?
    (Assinalar o que for aplicável) 12.   Dimensão dos efectivos animais
13. Rendimento .... anualNaira
14. Experiência agrícola
    a. Intensivo [ ] b. Semi-intensivo [ ] c. Extensivo [ ]
15. Quem leva o seu gado para pastar? (assinalar o que for aplicável)
    a. Eu próprio [ ] b. Agricultores contratados [ ] c. Os meus filhos adultos [ ]
    d. Os animais são autorizados a pastar sozinhos [ ]
    e. Os meus filhos pequenos [ ] f. Pastoreio coletivo [ ] g. Outro (especificar)
16. Quais dos seguintes recursos estão disponíveis na sua área?
    (Assinalar o que for aplicável)
        a. Reservas de pastagem [ ] b. Rota do gado [ ] c. Pastagens [ ]
        d. Ponto de rega [ ] e. Resíduos de culturas [ ] f. Outros (especificar).............
17. Tem acesso aos seguintes recursos na sua região?
    (Assinalar o que for aplicável)
    a. Reservas de pastagem [ ] b. Rota do gado [ ] c. Pastagens [ ]
    d. Ponto de rega [ ] e. Resíduos de culturas [ ] f. Outros (especificar).......
18. Onde é que os seus animais pastam (assinalar o que for aplicável)?
    a. Reserva de pastagem [ ] b. Florestas [ ] c. Terras de cultivo não cultivadas [ ] d.
    Resíduos de culturas [ ] e. Zonas de cultivo [ ] f. Outros (especificar)............
    SECÇÃO B: CONFLITO E SUAS CAUSAS E EFEITOS
19. Esteve alguma vez envolvido num conflito nos últimos 15 anos na sua localidade?
    a. Sim [   ] b. Não [ ]
20. Com que tipo de conflito se deparou? (assinalar o que for aplicável) a. Conflito agricultor-
    herdeiro [   ]   b. Conflito entre agricultor e pescador   [   ]
    c. Conflito entre agricultores e pescadores [   ]   d. Conflito entre
agricultores e guardas florestais   [   ]
    e. Conflito entre agricultor e agricultor [   ]   f.   Conflito   entre pastor e pastor
                                [   ]
21. Com que frequência ocorrem conflitos entre agricultores e pastores nesta localidade?
    Anualmente [ ] b. Frequentemente [ ] c. Raramente [ ] d. Outro (especificar)
22. Quando é que os conflitos ocorrem mais frequentemente?
    b. Início da estação de cultivo [ ] b. Na estação seca [ ]
    c. Pico da época de colheita [ ] d. Época de colheita [ ] e. Outro (especificar)..
23. Quais são as possíveis causas dos conflitos entre agricultores e pastores na sua
    localidade? (assinalar o que for aplicável)
    m. Danos involuntários nas culturas provocados pelo gado dos pastores [   ]
    h. Destruição deliberada de culturas pelo gado dos pastores   [   ]
    o. Bloqueio do corredor do gado por agricultores com culturas [   ]
    p. Bloqueio das zonas de pastagem pelos agricultores com culturas[   ]
    q. Bloqueio do ponto de rega por agricultores com culturas   [ ]
    r. Utilização da fonte de água da estação seca   [   ]
    s. Queima indiscriminada de arbustos pelos agricultores   [   ]
    t. Corte indiscriminado de árvores pelos pastores   [   ]

u. Corte indiscriminado de árvores pelos agricultores   [   ]

v. Roubo de gado   [   ]

w. Atraso desnecessário na colheita dos produtos agrícolas pelos agricultores[ ] x. Outros (especificar)................................

24. Quais são os efeitos dos conflitos entre agricultores e pastores na sua localidade? (assinalar o que for aplicável)

     j. Perda de vidas humanas   [ ]

     k. Perda de gado   [ ]

     l. Força a migração de pastores e agricultores   [   ]

     m. Destruição de produtos agrícolas   [   ]

     n. Destruição de casas   [   ]

     o. Destruição de edifícios públicos, como escolas, mercados [   ]

     p. Destruição de veículos, motociclos e outros bens [   ]

     q. Leva à fome   [ ]

     r. Outros (especificar)..............

     SECÇÃO C: MECANISMOS DE RESOLUÇÃO DE CONFLITOS

25. Qual dos seguintes mecanismos de resolução de conflitos prefere para resolver os conflitos entre agricultores e pastores na sua zona? (assinalar o que for aplicável)

     a. Mecanismos tradicionais   [   ] b. Tribunais   [ ]

     c. Governos locais e estatais [   ] d. Exército   [ ]

     e. Governos locais e estatais   [   ]   f. polícia   [   ]

     g. Organizações não governamentais[   ]   h. Agentes de extensão[   ]

     h. Outros (especificar)

26. Qual dos seguintes mecanismos tradicionais de resolução de conflitos considera mais eficaz para resolver os conflitos entre agricultores e pastores na sua zona? (assinalar o que for aplicável)

S/N	Traditional Conflict Mechanisms	Most effective (5)	Moderately effective (4)	No idea (3)	Least effective (2)	Not effective (1)
1	Traditional authorities (such as District heads, village head & ward head)					
2	Community Development Committees					
3	Local Farmers Associations					
4	Herders Associations (such as Miyetti-Allah and Al-haya Cattle Breeders Associations)					
5	Village elders					
6	Local Government					
7	State Government					
8	Non-governmental Organizations (NGOs)					
9	Jokes between herders and farmers					
10	Religious leaders (such as Imams and pastors)					

27. Por favor, responda às perguntas do quadro seguinte sobre a sua perceção do método
tradicional de gestão dos conflitos entre agricultores e pastores

Respondents' Perception	SA	A	UN	D	SD
Traditional rulers' arbitration is quicker and less expensive					
Traditional conflict resolution is more transparent					
Win – win result is attainable through traditional method					
Cases of farmers and herders conflicts are mostly terminated at the level of traditional rulers					
Traditional approach mostly restores peace after the resolution					
Traditional rulers reconcile and reintegrate both parties in conflict					
Traditional rulers organize annual meetings with farmers and herders on prevention of conflict in the locality					

Nota: SA-Concordou fortemente, A-Concordou, UN-Indeciso, D-Discordou e SD-Discordou
fortemente

28. Assinale a sua opinião sobre a eficácia do método tradicional de resolução de conflitos
entre agricultores e pastores na sua região.

Respondents' opinion	SA	A	UN	D	SD
Traditional rulers usually favour one party in their resolution					
Traditional rulers collect bribe from one party in conflict or both					
Traditional rulers handle minor conflicts only					
Most of the cases on farmer-herder conflicts are not willingly reported to the traditional rulers in your locality					
The outcome of traditional arbitration is not mostly accepted by both parties in conflict					
Traditional conflict arbitration cannot ensure long-term solutions to the farmers and herders relationship					

Nota: SA-Concordou fortemente, A-Concordou, UN-Indeciso, D-Discordou e SD-Discordou
fortemente

Regressão logística binária: Y versus X1. GÉNERO. X2. IDADE, ...

Link Function: Logit

Response Information

Variable Value Count
Y   1   116 (Event)
        0   32
        Total 148

* NOTE * 148 cases were used
* NOTE * 2 cases contained missing values

Logistic Regression Table

```
                               Odds     95% CI
Predictor       Coef   SE Coef    Z     P  Ratio  Lower  Upper
Constant     -3.45223  2.11965  -1.63  0.103
X1 Fm/Ex.     2.02226  1.00447   2.01  0.044  7.56   1.05  54.11
X2. AGE      0.0779254 0.0284609  2.74  0.006  1.08   1.02   1.14
X3 Incm      -0.807392 0.312777  -2.58  0.010  0.45   0.24   0.82
X4 FML/S     0.0155269 0.0452084  0.34  0.731  1.02   0.93   1.11
X5. ED/BG   -0.0314002 0.161505  -0.19  0.846  0.97   0.71   1.33
X6. FRM/S    -0.175216 0.0581043 -3.02  0.003  0.84   0.75   0.94
X7 Herd/s    0.311886  0.228928   1.36  0.173  1.37   0.87   2.14
```

Log-Likelihood = -55.874
Test that all slopes are zero: G = 42.786, DF = 7, P-Value = 0.000

Goodness-of-Fit Tests

```
Method          Chi-Square  DF    P
Pearson          138.778    60  0.000
Deviance         111.749    60  0.000
Hosmer-Lemeshow    5.401     8  0.714
```

APÊNDICE VI

Reservas de pastoreio propostas e inscritas no património do Estado de Borno

Proposed Grazing Reserves			Gazeted Grazing Reserves		
Names	Dates proposed	Sizes(km^2)	Names	Dates gazeted	Sizes(km^2)
Magumeri	-	76	Ngaranam	1969	-
Dunguma	1967	13.92	Dongo	1969	-
Kajibore	-	56.8	Hassannari	1969	-
Darel-jama	-	55.14	Rauro Yaya	1969	75.58
Kotombe	-	9.94	Miteram	1969	22.6
Jige	-	24.8	Bashari	1967	3.26
Yamtage	-	48	Abbaram	1967	5.33
Sambisa	-	48	Tabanawa	1969	5.35
Pulka	-	11.2	Gulumba	1969	20.16
Kushe-Kushe	-	5.4	Dugie	1969	4.8
Wamdeo	-	5.4	Tamsugu	1969	5.6
Kwanan Kura	-	67.6	Alagarno	-	9.68
Ngulde	1977	67	Dambiya	-	6
Ngohi	1977	22	Diksawa	1967	76
Bwala pikala	1980	-	Gajiram	-	25.6
Yimirndlang	1981	-	Badu	-	36.16
Buratai	-	35.36	Sedagu	-	26.08
Kael goro	-	87	Kimba/Ritawa	1960	28
Bam	-	-			
Wovi	-	-			
Kanamma	1979	-			
Ngollem	-	76			
Monguno	-	-			
Bida	-	78.4			
Bolori	-	64			

Fonte: Gadzama et al (2000)

A superfície total da reserva de pastagem proposta = 1387,67 km^2 e a superfície declarada = 379,20 km^2

I want morebooks!

Buy your books fast and straightforward online - at one of world's fastest growing online book stores! Environmentally sound due to Print-on-Demand technologies.

Buy your books online at
www.morebooks.shop

Compre os seus livros mais rápido e diretamente na internet, em uma das livrarias on-line com o maior crescimento no mundo! Produção que protege o meio ambiente através das tecnologias de impressão sob demanda.

Compre os seus livros on-line em
www.morebooks.shop

Printed by Books on Demand GmbH, Norderstedt / Germany